安徽天马国家级自然保护区
国家重点保护野生动植物资源

蒲发光　周美生　余大春　编著

合肥工业大学出版社

图书在版编目（CIP）数据

安徽天马国家级自然保护区国家重点保护野生动植物资源/蒲发光，周美生，余大春编著. --合肥：合肥工业大学出版社，2024. --ISBN 978-7-5650-6821-8

Ⅰ. Q958.525.4；Q948.525.4

中国国家版本馆 CIP 数据核字第 2024NF8952 号

安徽天马国家级自然保护区国家重点保护野生动植物资源

蒲发光　周美生　余大春　编著

责 任 编 辑	王　丹	
出　　　版	合肥工业大学出版社	
地　　　址	（230009）合肥市屯溪路 193 号	
网　　　址	press.hfut.edu.cn	
电　　　话	基础与职业教育出版中心：0551—62903120	
	营销与储运管理中心：0551—62903198	
开　　　本	710 毫米×1010 毫米　1/16	
印　　　张	11.75	
字　　　数	163 千字	
版　　　次	2024 年 8 月第 1 版	
印　　　次	2024 年 8 月第 1 次印刷	
印　　　刷	安徽联众印刷有限公司	
发　　　行	全国新华书店	
书　　　号	ISBN 978-7-5650-6821-8	
定　　　价	148.00 元	

如果有影响阅读的印装质量问题，请与出版社营销与储运管理中心联系调换。

编委会

安徽天马国家级自然保护区位于大别山腹地的安徽省金寨县，地处鄂、豫、皖三省结合部，是以天堂寨、马宗岭两个省级自然保护区为核心，新增九寨峰国有林区和天堂寨镇集体林区共同组建而成，于1998年经国务院批准设立，总面积为28913.7公顷。本保护区属森林生态系统类型自然保护区，主要保护对象为北亚热带常绿、落叶阔叶混交林及珍稀野生动植物资源，是大别山区乃至华东地区规模最大、森林覆盖率最高、天然阔叶林保存最完整、生物多样性最为丰富的国家级自然保护区。

安徽天马国家级自然保护区处于北亚热带向暖温带过渡地域，为北亚热带湿润季风气候，是长江与淮河的分水岭。本保护区内的植被类型属北亚热带常绿阔叶林向暖温带落叶阔叶林过渡的类型，动物类型属古北界和东洋界交叉过渡分布类型，具有我国南北生物物种相互渗透、过渡和交汇的显著特点。本保护区弥补了国内北亚热带保存完整天然阔叶林地理分布上的空缺，被誉为"华东最后一片原始森林"，不仅生态区位重要，而且生物资源丰富。本保护区现分布有维管束植物1787种、野生脊椎动物251种，有着"动物的王国、植物的乐园"的美称。因具有较为完善且相对稳定的森林生态系统，本保护区成为北亚热带地区物种资源的"基因库"，也成了物种遗传的"实验室"和"繁育场"。

为认真贯彻落实习近平生态文明思想，进一步加强安徽天马国家级自然保护区野生动植物资源保护管理，金寨县林业局按照国家林业和草原局、农业农村部公布的《国家重点保护野生动物名录》和《国家重点保护野生植物名录》，委托安徽大学张保卫教授团队和皖西学院闵运江教授团队于2022年11月至2023年11月进行了为期一年的安徽天马国家级自然保护区国家重点保护野生动植物资源专项调查。该项调查结果经专家审议，确认安徽天马国家级自然保护区现有国家重点保护野生植物35种和国家重点保护野生动物52种。作者依据上述调查结论，对安徽天马国家级自然保护区内分布的国家重点保护野生动植物从种属名、形态特征、分布及生长状况、保护价值及保护现状等方面进行了科学论述，编著了《安徽天马国家级自然保护区国家重点保护野生动植物资源》一书。

　　本书内容翔实、图文并茂，特别是对安徽天马国家级自然保护区国家重点保护野生动植物的保护价值及保护现状作出了客观的分析和评价，为今后研究制定安徽天马国家级自然保护区野生动植物资源保护管理方案、保护措施等提供了科学依据。同时，本书也可作为基层自然资源保护工作者的实用工具书和推进生态安徽建设的科普宣传读物。

　　本书在编写过程中得到了安徽大学张保卫教授和皖西学院闵运江教授的大力支持，同时在编审及图片收集过程中也得到了安徽大学、安徽师范大学、安徽农业大学等高校相关专家学者的倾力帮助，无法一一列明出处，在此一并致谢。受作者水平及时间所限，本书可能仍存在许多不足之处，敬请各位专家学者及读者提出宝贵意见和建议，以便将来进一步修订、完善。

作　者

2024年6月

目录

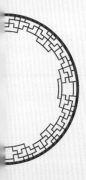

第一部分　植物篇

大别山五针松

拉丁文名称，种属名

大别山五针松，拉丁文名称为 *Pinus dabeshanensis* W. C. Cheng & Y. W. Law，属松科（Pinaceae）松属（*Pinus*）。

形态特征

茎：乔木，高20余m，胸径50 cm；树皮棕褐色，浅裂成不规则的小方形薄片脱落；一年生枝淡黄色或微带褐色，表面常具薄蜡层，无毛，有光泽，二、三年生枝灰红褐色，粗糙不平；冬芽淡黄褐色，近卵圆形，无树脂。

叶：针叶5针一束，长5～14 cm，径约1 mm（显著较黄山松、马尾松细而短），微弯曲，先端渐尖，边缘具细锯齿，背面无气孔线，仅腹面每侧有2～4条灰白色气孔线；横切面三角形，背部有2个边生树脂道，腹面无树脂道；叶鞘早落。

球果：球果圆柱状椭圆形，长约14 cm（显著较黄山松、马尾松球果长），径约4.5 cm（种鳞张开时，径约8 cm），梗长0.7～1 cm；熟时种鳞张开，中部种鳞近长方状倒卵形，上部较宽，下部渐窄，长3～4 cm，宽2～2.5 cm；鳞盾淡黄色，斜方形，有光泽，上部宽三角状圆形，先端圆钝，边缘薄，显著地向外反卷，鳞脐不显著，下部底边宽楔形。花期4月，球果次年9～10月成熟。

种子：种子淡褐色，倒卵状椭圆形，长1.4～1.8 cm，径

8～9 mm，上部边缘具极短的木质翅，种皮较薄。

分布及生长状况

大别山五针松产于中国安徽西南部（岳西）及湖北东部（英山、罗田）的大别山区。在岳西来榜门坎岭（模式标本产地）海拔900～1400 m之山坡地带与黄山松混生，或生于悬崖石缝间；在岳西鹞落坪、大王沟、南山及霍山白马尖主峰北侧海拔1000 m左右山坡等地有自然分布。

在本保护区内，大别山五针松野生植株分布于马宗岭和康王寨。保护区内现存10株野生大别山五针松，除马宗岭的一株胸径为55 cm和康王寨的一株胸径为30 cm左右的大乔木外，其余所有植株生长都不佳，主要原因是本保护区内的大别山五针松全部生长在悬崖、岩石、岩石缝隙等土壤非常贫瘠处。除土壤条件恶劣外，其还特别易受风雪损害。

保护价值及保护现状

大别山五针松为中国特有树种，为濒危种，属于极小种群物种，其科学价值毋庸置疑，有待深入研究。2021年版《国家重点保护野生植物名录》将其由国家二级重点保护野生植物调升至国家一级重点保护野生植物。

大别山五针松仅存于大别山区，种子常受松鼠危害，林下幼苗多处于灌木丛下，生长缓慢。该种在野外植株极少，整个保护区内目前仅存4大6小共计10株野生植株，亟待加大力度进行抢救性保护。建议进行人工采种、在野生植株生长处就近进行人工辅助育苗，从而增加野生种群个体数。

霍山石斛

拉丁文名称，种属名

霍山石斛俗称"米斛"，拉丁文名称为 *Dendrobium huoshanense* C. Z. Tang et S. J. Cheng，属兰科（Orchidaceae）石斛属（*Dendrobium*）。

形态特征

茎：多年生（丛生）草本，茎直立，肉质，长3～9 cm，从基部向上逐渐变细，基部较粗，基部上方粗3～18 mm，不分枝；茎具3～7节，节间长3～8 mm，淡黄绿色，有时带淡紫红色斑点，干后淡黄色。

叶：叶常2～3枚互生茎上部，斜出，舌状长圆形，长9～21 mm，宽5～7 mm，先端钝且微凹；叶基部具抱茎的叶鞘，叶鞘膜质带淡紫红色斑点，宿存。

花：总状花序从落了叶的老茎上部发出，具1～2花；花序柄长2～3 mm，基部被1～2枚鞘；鞘纸质，卵状披针形，长3～4 mm，先端锐尖；花苞片浅白色带栗色，卵形，长3～4 mm，先端锐尖；花梗和子房浅黄绿色，长2～2.7 cm；花淡黄绿色，开展；中萼片卵状披针形，长12～14 mm，宽4～5 mm，先端钝，具5条脉；侧萼片镰状披针形，长12～14 mm，宽5～7 mm，先端钝，基部歪斜；萼囊近矩形，长5～7 mm，末端近圆形；花瓣卵状长圆形，通常长12～15 mm，宽6～7 mm，先端钝，具5条脉；唇瓣近菱形，长和宽约相等，为1～1.5 cm，基部楔形并且具1个胼胝体，上部稍3裂，两侧裂片之间密生短毛，近基部处密生长白毛；中裂片半圆状三角形，先端近钝尖，基部密生

长白毛并且具1个黄色横生椭圆形的斑块；蕊柱淡绿色，长约4 mm，具长7 mm的蕊柱足；蕊柱足基部黄色，密生长白毛，两侧偶然具齿突；药帽绿白色，近半球形，长1.5 mm，顶端微凹。花期5月。

分布及生长状况

按照文献记载，霍山石斛原产于大别山区的安徽省霍山县，现主要分布于中国安徽、台湾、广东、广西、湖北、浙江等地。实际上，金寨大别山区多地曾有霍山石斛的分布，只是由于前些年超高的药材价格，造成野生霍山石斛被过度采挖，以致其野生几乎灭绝。

霍山石斛喜荫蔽，怕直射阳光，在温暖多雨、云雾弥漫的山谷中密集群聚生长，多生于避风、背阴的山沟峭壁上。霍山石斛在本保护区内仅见于马宗岭千坪村，千坪村金岭组村民曾在采石耳时发现霍山石斛，连根带植株采回栽植于自家屋顶平台，至今生长良好；原分布处尚留有少部分，但可能由于近年曾遇长时间干旱，植株生长不良，现仅见死了的根系。在本保护区内，此种已处于野生灭绝状态。由于其移植地仍在本保护区内，故保留该种。

保护价值及保护现状

在2021年版《国家重点保护野生植物名录》中，霍山石斛被列为国家一级重点保护野生植物，其也是中国的特有植物，在《中国物种红色名录》中被评估为极小种群。该物种亦被收录于《濒危野生动植物种国际贸易公约》（CITES）附录Ⅱ中，需要管制交易情况以避免影响其存续。霍山石斛在《世界自然保护联盟濒危物种红色名录》中被列为极危（CR）等级，种群数量变化趋势亟待调查。

霍山石斛因其药用价值，野生资源被过度采挖，这是造成其野生种群数量下降甚至濒临灭绝的主要原因。

银缕梅

银缕梅，拉丁文名称为 *Parrotia subaequalis*（H. T. Chang）R. M. Hao & H. T. Wei，属金缕梅科（Hamamelidaceae）波斯铁木属（银缕梅属）（*Parrotia*）。

形态特征

茎：落叶小乔木，嫩枝初时有星状柔毛，以后变光滑无毛，干后暗褐色，无皮孔；树干树皮常呈片状剥落；芽体裸露，细小，被绒毛。

叶：叶薄革质，倒卵形，长4~6.5 cm，宽2~4.5 cm，中部以上最宽，先端钝，基部圆形、截形或微心形，两侧对称；上面绿色，干后稍暗晦，略有光泽，除中肋及侧脉略有星毛外，其余部分光滑无毛；下面浅褐色，有星状柔毛；侧脉约4~5对，在上面稍下陷，在下面突起，第一对侧脉无第二次分支侧脉；边缘在靠近先端处有数个波状浅齿，不具齿突，下半部全缘；叶柄长5~7 mm，有星毛；托叶早落。

花序：头状花序生于当年枝的叶腋内，有花4~5朵，花序柄长约1 cm，有星毛。

花：花无花梗，萼筒浅杯状，长约1 mm，外侧有灰褐色星毛，萼齿卵圆形，长3 mm，先端圆形；无花瓣；雄蕊多数，花药常呈紫红或红色；子房近于上位，基部与萼筒合生，有星毛；花柱长2 mm，先端

尖，花后稍伸长。5月开花。

果：蒴果近圆形，长8～9 mm，先端有短的宿存花柱，干后2片裂，每片2浅裂，萼筒长不过2.5 mm，边缘与果皮稍分离。果期9～10月。

种子：种子纺锤形，长6～7 mm，两端尖，褐色有光泽，种脐浅黄色。

分布及生长状况

银缕梅在大别山区主要分布于海拔400～700 m处，安徽省舒城万佛山、绩溪清凉峰北坡等地也有分布。

银缕梅在本保护区内的天堂寨镇、鲍家窝和九峰尖等处有野生分布，多生长在山谷谷底、河边、山坡、田间坡地、堤岸和路边等处。

保护价值及保护现状

银缕梅原产地属华夏植物区系范围，银缕梅的发现为华夏植物区系的确定增添了新的证据，也为植物区系、植物地理、古生物等多学科的研究，提供了不可缺少的活材料。同时将其与其他无花瓣属植物对比可知，其与特产于里海南岸的银缕梅属形态极为相似，而银缕梅属花形态特征的阐明，对探讨金缕梅科无花瓣类群的系统发育也具有重要意义。

银缕梅在《世界自然保护联盟濒危物种红色名录》中被列为极危（CR）等级；在2021年版《国家重点保护野生植物名录》中被列为国家一级重点保护野生植物。

生长环境的恶化及自身繁殖困难，造成了银缕梅野生种群数量的不断减少。

桧叶白发藓

桧叶白发藓，拉丁文名称为 *Leucobryum juniperoides*（Brid.）C. Muell.，属白发藓科（Leucobryaceae）白发藓属（*Leucobryum*）。

形态特征

植株：干燥时颜色发白，因故得名，一旦接触水，又会变回嫩绿色；植物体浅绿色，密集丛生，高达3 cm。

茎：茎单一或分枝。

叶：叶群集，干时紧贴，湿时直立展出或略弯曲，长5~8 mm，宽1~2 mm，基部卵圆形，内凹，上部渐狭，呈披针形或近筒状，先端兜形或具细尖头；中肋平滑，无色细胞背面2~4层，腹面1~2层；上部叶细胞2~3行，线形，基部叶细胞5~10行，长方形或近方形。该种植物体变异较大，但多数叶片较短，先端兜形。

分布及生长状况

桧叶白发藓常见于中国长江流域以南，生长于山地的针叶树根部、腐殖土上、岩石上，为典型的酸性土植物，pH值大于6.5会导致其生长异常和死亡。其主要分布于中国云南、贵州、四川、西藏、广西、广东、海南、台湾、湖南、湖北、福建、江西、安徽、江苏和浙江等地。

桧叶白发藓在本保护区内为较常见种之一。在本保护区内除九峰尖片区未见桧叶白发藓分布外，其他片区均较常见，特别是天堂寨大海淌、雷公洞，以及康王寨和马宗岭等地海拔1000～1200 m及以上处，同时在天堂寨的天堂古寨旁及鲍家窝的海拔400～600 m山坡处也很常见。

保护价值及保护现状

桧叶白发藓在《世界自然保护联盟濒危物种红色名录》中被列为无危（LC）等级；在2021年版《国家重点保护野生植物名录》中被列为国家二级重点保护野生植物。

由于苔藓植物必须有水才能完成受精过程，因此，松叶白发藓对水分的要求非常严格；加之该植物为树附生藓类，对大气污染特别敏感，因此，日益严重的干旱和空气污染等因素导致其分布区逐渐缩小。

四川石杉

拉丁文名称，种属名

四川石杉，拉丁文名称为 *Huperzia sutchueniana*（Herter）Ching，属石松科（Lycopodiaceae）石杉属（*Huperzia* Bernh.）。

形态特征

茎：多年生土生植物；茎直立或斜生，高8～15（18）cm，中部直径1.2～3 mm，枝连叶宽1.5～1.7 cm，2～3回二叉分枝，枝上部常有芽胞。

叶：叶螺旋状排列，密生，平伸，上弯或略反折，披针形，向基部不明显变狭，通直或镰状弯曲，长5～10 mm，宽0.8～1 mm，基部楔形或近截形，下延，无柄，先端渐尖，边缘平直不皱曲，疏生小尖齿，两面光滑，无光泽，中脉明显，革质。

孢子叶：孢子叶与不育叶同形；孢子囊生于孢子叶的叶腋，两端露出，肾形，黄色。

分布及生长状况

四川石杉为中国特有种，主要产于中国四川、重庆、贵州、安徽、浙江、江西、湖北、湖南等地，多生于海拔800～2000 m的林下或灌丛下湿地、草地、岩石上。

四川石杉在本保护区内数量极少，仅见于千坪村、天堂寨等地，常生于山坡小路旁及杉木林疏林的灌丛中。

保护价值及保护现状

四川石杉在《世界自然保护联盟濒危物种红色名录》中被列为近危（NT）等级；在2021年版《国家重点保护野生植物名录》中被列为国家二级重点保护野生植物。

石杉属植物多用于中医药材，例如，石杉碱甲主要是从蛇足石杉（民间草药称"千层塔"）中提取，而中草药中的"千层塔"实际上几乎包含石杉属所有种。石杉碱甲具有退热除湿、消瘀止血的功效，可用于治疗肺痨吐血、痔疮便血等症。民间也有用石杉鲜草治疗跌打损伤、无名肿毒，亦有治疗青光眼、重症肌无力的临床报道。因此，石杉属植物作为珍贵的中草药资源，常常遭到过度采挖，这可能是造成四川石杉分布逐渐减少的主要原因；干旱等气候因素也可能是导致其种群数量逐渐减少的另一个原因。

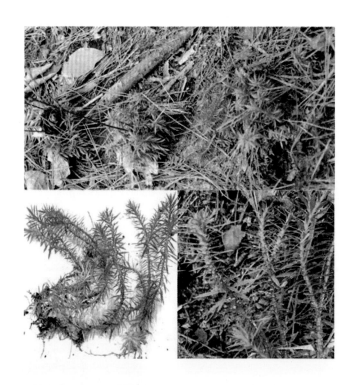

长柄石杉

拉丁文名称，种属名

长柄石杉，拉丁文名称为 *Huperzia javanica*（Sw.）Fraser-Jenk.，属石松科（Lycopodiaceae）石杉属（*Huperzia* Bernh.）。

形态特征

茎：茎直立，等二叉分枝。

叶：不育叶疏生，平伸，阔椭圆形至倒披针形，基部明显变窄，长10～25 mm，宽2～6 mm，柄长1～5mm；叶缘有不规则的尖锯齿。

孢子叶：孢子叶稀疏，平伸或稍反卷，椭圆至披针形，长7～15 mm，宽1.5～3.5 mm。

长柄石杉主要产于中国西南、华南、华中和华东地区，在亚洲热带和亚热带地区广泛分布。皖西大别山区的潜山天柱山、霍山大别山等地均有分布，一般见于海拔300~1200 m的林下、路边等地。

长柄石杉在本保护区仅内见于马宗岭和天堂寨等地的马尾松林下或杉木林疏林的灌丛中。

保护价值及保护现状

在2021年版《国家重点保护野生植物名录》中，长柄石杉被列为国家二级重点保护野生植物。

长柄石杉的致危因素同四川石杉，此处不再赘述。

金发石杉

金发石杉，拉丁文名称为 *Huperzia quasipolytrichoides*（Hayata）Ching，属石松科（Lycopodiaceae）石杉属（*Huperzia* Bernh.）。

茎：多年生土生植物；茎直立或斜生，高9～13 cm，中部直径1.2～1.5 mm，枝连叶宽7～10 mm，3～6回二叉分枝，枝上部有很多芽胞。

叶：不育叶螺旋状排列，密生，强度反折或略斜下，线形，基部与中部近等宽，明显镰状弯曲，长6～9 mm，宽约0.8 mm，基部截形，下延，无柄，先端渐尖，边缘平直不皱曲，全缘，两面光滑，无光泽，中脉背面不明显，腹面略可见，草质。

孢子叶及孢子囊：孢子叶与不育叶同形；孢子囊生于孢子叶的叶腋，外露，肾形，黄色或灰绿色。

分布及生长状况

金发石杉主要产于中国台湾及安徽黄山等地，日本也有分布，一般生于高山林下。

金发石杉在本保护区内仅见于天堂寨海拔1100 m左右的岩石旁。

保护价值及保护现状

在2021年版《国家重点保护野生植物名录》中，金发石杉被列为国家二级重点保护野生植物。

金发石杉致危因素同四川石杉，此处不再赘述。

巴山榧树

拉丁文名称，种属名

巴山榧树，拉丁文名称为 *Torreya fargesii* Franch.，属红豆杉科（Taxaceae）榧树属（*Torreya* Arn.）。

形态特征

茎：乔木，高达 12 m；树皮深灰色，不规则纵裂；一年生枝绿色，二、三年生枝呈黄绿色或黄色，稀淡褐黄色。

叶：叶条形，稀条状披针形，通常直，稀微弯，长 1.3～3 cm，宽 2～3 mm，先端微凸尖或微渐尖，具刺状短尖头，基部微偏斜，宽楔形，上面亮绿色，无明显隆起的中脉，通常有两条较明显的凹槽，延伸不达中部以上，稀无凹槽，下面淡绿色，中脉不隆起，气孔带较中脉带为窄，干后呈淡褐色，绿色边带较宽，约为气孔带的一倍。

球花：雄球花卵圆形，基部的苞片背部具纵脊，雄蕊常具4个花药，花丝短，药隔三角状，边具细缺齿。花期4~5月。

种子：种子卵圆形、圆球形或宽椭圆形，肉质假种皮微被白粉，径约1.5 cm，顶端具小凸尖，基部有宿存的苞片；骨质种皮的内壁平滑；胚乳周围显著地向内深皱。种子9~10月成熟。

分布及生长状况

巴山榧树为中国特有树种，主要分布于中国贵州、湖南、安徽、河南、甘肃、重庆、陕西、湖北，以及四川东部、东北部与西部峨眉山。皖西大别山区的岳西大王沟、霍山马家河海拔980 m等处均有分布。

巴山榧树在本保护区内是较常见的种类之一，属较广泛分布种，主要分布于海拔800m以上处，多于山谷杂木林中呈零星分布，但在九峰尖的海拔500m以上山谷、山坡处很常见。

保护价值及保护现状

巴山榧树是中国特有珍稀树种，为第三纪珍稀孑遗植物，在《世界自然保护联盟濒危物种红色名录》中被列为易危（VU）等级；在2021年版《国家重点保护野生植物名录》中被列为国家二级重点保护野生植物。

巴山榧树受威胁的原因主要有两方面：一是人为砍伐。巴山榧树分布点的人类活动频繁，由于人类活动的影响加剧，巴山榧树的生境破碎化严重，赖以生存与发展的生态环境逐渐丧失。二是结实率低，较少见种子，自然繁殖率不高，种群自然更新能力差。

厚　朴

厚朴，拉丁文名称为 *Houpoea officinalis* N. H. Xia & C. Y. Wu（含凹叶厚朴变种），属木兰科（Magnoliaceae）厚朴属（*Magnolia*）。2021年版《国家重点保护野生植物名录》将该种种下单位（变种或亚种）凹叶厚朴［*Magnolia officinalis* Rehd.et Wils. var.（subsp.）*biloba* Rehd.et Wils.］合并入厚朴种，因此，此处不再单列厚朴和凹叶厚朴。

茎：落叶乔木，树皮厚，褐色，小枝粗壮，淡黄色或灰黄色，顶芽大，狭卵状圆锥形。

叶：叶大，近革质，先端具短急尖或圆钝，凹叶厚朴先端中部凹呈二裂，基部楔形，全缘而微波状；叶柄粗壮，托叶痕长为叶柄的2/3。

花：花白色，径10～15 cm，芳香；花梗粗短，被长柔毛，花被片9～12（17），厚肉质，外轮3片淡绿色，长圆状倒卵形，盛开时常向外反卷，内2轮白色，倒卵状匙形，基部具爪，花盛开时中内轮直立；雄蕊约

72枚，花药长1.2～1.5 cm，内向开裂，花丝长4～12 mm，红色；雌蕊群椭圆状卵圆形。花期5～6月。

果：聚合蓇葖果，长圆状卵圆形；蓇葖具长3～4 mm的喙。果期8～10月。

种子：种子三角状倒卵形。

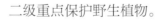

分布及生长状况

厚朴主要产于中国陕西、甘肃、河南、湖北、湖南、四川、贵州、广西、江西及浙江，多生于海拔300～1500 m的山地林间。皖西大别山区的霍山马家河、金寨天堂寨等地有分布。凹叶厚朴变种（亚种）主要产于安徽、浙江、江西、福建、湖南、广东及广西，多生于海拔300～1400 m的林中。

厚朴在本保护区内多是人工栽培，极少见野生分布，以前曾在三号瀑布旁的索道站旁河边坡上发现1株野生厚朴，但不久被洪水冲走；后来在鲍家窝海拔1200m左右处发现3株厚朴幼树，估计附近应该有厚朴大树，但未能找到。另在天堂寨的鸡心石附近也有厚朴野生分布。

保护价值及保护现状

厚朴在《世界自然保护联盟濒危物种红色名录》中被列为濒危（EN）等级；在2021年版《国家重点保护野生植物名录》中被列为国家二级重点保护野生植物。

由于过度剥皮和砍伐森林，野生厚朴遭到毁灭性破坏，处于濒临灭绝的境地，野生植株已极少见。虽然厚朴人工栽培资源较丰富，但由于其生长较慢，更新时间长，加之社会需求量大，市场供应仍不足。

鹅掌楸

鹅掌楸又名"马褂木"，拉丁文名称为 *Liriodendron chinense* (Hemsl.) Sarg.，属木兰科（Magnoliaceae）鹅掌楸属（*Liriodendron*）。

形态特征

茎：乔木，高达 40 m，胸径 1 m 以上，小枝灰色或灰褐色。

叶：叶马褂状（故得名"马褂木"），长 4~12（18）cm，近基部每边具 1 侧裂片，先端具 2 浅裂，下面苍白色，叶柄长 4~8（~16）cm。

花：花杯状，花被片 9，外轮 3 片绿色，萼片状，向外弯垂，内两轮 6 片、直立、花瓣状、倒卵形，长 3~4 cm，绿色，具黄色纵条纹，花药长 10~16 mm，花丝长 5~6 mm，花期时雌蕊群超出花被之上，心皮黄绿色。

果：聚合果长 7~9 cm，具翅的小坚果长约 6 mm，顶端钝或钝尖，具种子 1~2 颗。

分布及生长状况

鹅掌楸分布于中国和越南北部，在中国主要分布于陕西、安徽、浙江、江西、福建、湖北、湖南、广西、四川、重庆、贵州、云南、台湾等地。皖西大别山区的舒城、岳西、潜山、霍

山、金寨均有分布。

鹅掌楸在本保护区内多见栽培，但天堂寨雷公洞上方大悬崖顶海拔1220 m左右处有一片几十株的天然种群，十分罕见，周边也有零星分布。另外，天堂寨镇黄河村普安组有1株生长于山坡林缘小河沟边，此处属纯野生环境，疑似野生植株。

保护价值及保护现状

鹅掌楸在《世界自然保护联盟濒危物种红色名录》中被列为近危（NT）等级；在2021年版《国家重点保护野生植物名录》中被列为国家二级重点保护野生植物。

鹅掌楸野生种群受威胁程度较高，受威胁原因可能是其自然繁殖率不高及过度砍伐。目前，该种已普遍人工繁殖栽培作为行道树或观赏树种。

天竺桂

天竺桂别名大叶天竺桂、竺香、山肉桂、土肉桂、土桂、山玉桂等，拉丁文名称为 *Cinnamomum japonicum* Sieb.，属樟科（Lauraceae）樟属（*Cinnamomum*）。

形态特征

茎：常绿乔木，高10～15 m，胸径30～35 cm；枝条细弱，圆柱形，极无毛，红色或红褐色，具香气。

叶：叶近对生或在枝条上部者互生，卵圆状长圆形至长圆状披针形，长7～10 cm，宽3～3.5 cm，先端锐尖至渐尖，基部宽楔形或钝形，革质，上面绿色，光亮，下面灰绿色，晦暗，两面无毛；离基三出脉，中脉直贯叶端，在叶片上部有少数支脉，基生侧脉自叶基1～1.5 cm处斜向生出，向叶缘一侧有少数支脉，有时自叶基处生出一对稍为明显隆起的附加支脉，中脉及侧脉两面隆起，细脉在上面密集而呈明显的网结状，但在下面呈细小的网孔；叶柄粗壮，腹凹背凸，红褐色，无毛。

花序：圆锥花序腋生，长3～4.5（10）cm，总梗长1.5～3 cm，与长5～7 mm的花梗均无毛，末端为3～5花的聚伞花序。

花：花长约4.5 mm；花被筒倒锥形，短小，长1.5 mm，

花被裂片6，卵圆形，长约3 mm，宽约2 mm，先端锐尖，外面无毛，内面被柔毛；能育雄蕊9，内藏，花药长约1 mm，卵圆状椭圆形，先端钝，4室，第一、二轮花药药室内向，第三轮花药药室外向，花丝长约2 mm，被柔毛，第一、二轮花丝无腺体，第三轮花丝近中部有一对圆状肾形腺体；退化雄蕊3，位于最内轮；子房卵珠形，长约1 mm，略被微柔毛，花柱稍长于子房，柱头盘状。花期4～5月。

果：核果长圆形，长7 mm，宽达5 mm，无毛；果托浅杯状，顶部极开张，宽达5 mm，边缘全缘或具浅圆齿，基部骤然收缩成细长的果梗。果期7～9月。

分布及生长状况

天竺桂分布于中国、日本和朝鲜，在中国主要分布于江苏、浙江、安徽、江西、福建及台湾等地，多生于海拔300～1000 m及以下的低山或近海的常绿阔叶林中。皖西大别山区的霍山、金寨均有分布。

在本保护区内仅发现两个天竺桂种群，一个在天堂寨（120株左右），另一个在窝川（17株）。

保护价值及保护现状

天竺桂在《世界自然保护联盟濒危物种红色名录》中被列为易危（VU）等级；在2021年版《国家重点保护野生植物名录》中被列为国家二级重点保护野生植物。

天竺桂受威胁的原因主要是人为盗伐。

华重楼

拉丁文名称，种属名

华重楼，拉丁文名称为 *Paris chinensis* Franch.，属藜芦科（Melanthiaceae）重楼属（*Paris*）。

形态特征

茎：多年生草本，植株高35～100 cm，无毛；根状茎粗厚，直径达1～2.5 cm，外面棕褐色，密生多数环节和许多须根；茎通常带紫红色，直径（0.8～）1～1.5 cm，基部有灰白色干膜质的鞘1～3枚。

叶：叶5～8枚轮生，通常7枚，倒卵状披针形、矩圆状披针形或倒披针形，基部通常楔形。

花：轮生叶中央茎顶生出花梗，其上生1花，花被片离生，宿存，排成两轮，外轮花被片叶状，绿色，内轮花被片狭条形，通常中部以上变宽，宽约1～1.5 mm，长1.5～3.5 cm，长为外轮的1/3至近等长或稍超过；雄蕊8～10枚，花药长1.2～1.5（～2）cm，长为花丝的3～4倍，药隔突出部分长1～1.5（～2）mm。子房近球形，具棱，顶端具一盘状花柱基，花柱粗短，具（4～）5分枝。花期5～7月。

果：蒴果紫色，直径1.5～2.5 cm，3～6瓣裂开；种子多数，具鲜红色多浆汁的外种皮；果期8～10月。

分布及生长状况

华重楼主要分布于中国江苏、浙江、江西、福建、台湾、湖北、湖南、广东、广西、四川、贵州和云南等地，多生长于海拔600～1350（2000）m的林下荫处或沟谷边的草丛中。该种属阴性植物，在疏松肥沃、有一定保水性的土壤中生长良好。安徽省皖南及皖西大别山区的金寨等地均有分布。

华重楼在本保护区内是一个中高海拔自然分布较广的种，尤其是在海拔1000 m以上地区呈零星分布。

保护价值及保护现状

华重楼在《世界自然保护联盟濒危物种红色名录》被列为易危（VU）等级；在2021年版《国家重点保护野生植物名录》中，重楼属所有种（除北重楼外）均被列为国家二级重点保护野生植物。

华重楼虽然产生种子较多，但由于种子发芽率低，加之具有重要的药用价值，使其被过度采挖，导致分布区逐渐减小，因此亟待采取多种措施进行抢救性保护。

狭叶重楼

拉丁文名称，种属名

狭叶重楼，拉丁文名称为 *Paris polyphylla* var. *stenophylla* Franch.，属藜芦科（Melanthiaceae）重楼属（*Paris*）。

形态特征

茎：多年生草本，植株高35～100 cm，无毛；根状茎粗壮，直径达1～2.5 cm，外面棕褐色，密生多数环节和许多须根。直立茎通常带紫红色，直径（0.8～）1～1.5 cm，基部有灰白色干膜质的鞘1～3枚。

叶：叶8～13（～22）枚轮生，披针形、倒披针形或条状披针形，有时略微弯曲呈镰刀状，长5.5～19 cm，通常宽1.5～2.5 cm，很少为3～8 mm，先端渐尖，基部楔形，具短叶柄。

花：轮生叶中央茎顶生出花梗，其上生1花，花被片离生，宿存，排成两轮，外轮花被片叶状，外轮花被片叶状，绿色，5～7枚，狭披针形或卵状披针形，长3～8 cm，宽（0.5～）1～1.5 cm，先端渐尖头，基部渐狭成短柄；内轮花被片狭条形，远比外轮花被片长；雄蕊7～14枚，花药长5～8 mm，与花丝近等长；药隔突出部分极短，长0.5～1 mm；子房近球形，暗紫色，花柱明显，长3～5 mm，顶

端具4～5分枝，先端向外反卷，基部连合。花期6～7月。

果：蒴果未成熟时绿色，近球形，果外面光滑。果期9～10月。

分布及生长状况

狭叶重楼主要分布于中国四川、贵州、云南、西藏、广西、湖北、湖南、福建、台湾、江西、浙江、江苏、安徽、山西、陕西和甘肃等地，多生长于海拔1000～2700 m的林下或草丛阴湿处。皖西大别山区仅见于金寨。

狭叶重楼在本保护区内的分布同华重楼，常与华重楼混生，相比华重楼，该种更常见一些。

保护价值及保护现状

狭叶重楼在《世界自然保护联盟濒危物种红色名录》中被列为近危（NT）等级；在2021年版《国家重点保护野生植物名录》中被列为国家二级重点保护野生植物。

狭叶重楼致危因素同华重楼，此处不再赘述。

启良重楼

拉丁文名称，种属名

启良重楼，拉丁文名称为 *Paris qiliangiana* H. Li，属藜芦科（Melanthiaceae）重楼属（*Paris*）。

形态特征

茎：多年生草本；根状茎粗壮，圆柱形，偏斜或横走（平卧），外表淡黄褐色，内部白色含淀粉，长3~20 cm，直径0.8~4 cm；直立茎绿色或淡紫红色，长15~50 cm。

叶：叶4~8枚轮生茎顶；叶片绿色，椭圆形、卵圆形、倒卵形或倒披针形；长5~13 cm，通常宽2~6 cm，叶尖渐尖，叶基近圆形、近心形或楔形；侧脉1对，近基生；叶柄绿色或深紫色，1~4 cm。

花：花单一，花基数4~7；花柄绿色或带红紫色，长6~30 cm；萼片绿色，卵形或披针形，长4~8 cm，宽1~3 cm；花瓣线形，淡黄绿色，长于萼片；雄蕊2倍于萼片数，2轮着生，长1.5~3.5 cm；花丝淡黄绿色，3~8 cm，花药黄色或褐色，长1~2.5 cm；药隔突出部分几乎缺失；子房卵形，绿色，一室，侧膜胎座，4~7棱；花柱白色或紫红色，长2~10 mm，花柱基膨大；柱头4~7，淡黄至紫色，花期向外反卷。花期3~5月。

果：蒴果淡黄绿色，近球形，沿两棱之间不规则开裂。果期6~

10月。

种子：近球形，直径0.3 cm，白色，被红色多汁的肉质种皮。

分布及生长状况

启良重楼主要分布于中国四川、贵州、云南、西藏、广西、湖北、湖南、福建、台湾、江西、浙江、江苏、安徽、山西、陕西和甘肃等地，多生长于海拔1000～2700 m的林下或草丛阴湿处。皖西大别山区仅见于金寨。启良重楼是中国科学院昆明植物研究所李恒先生于2017年命名的新物种，也是安徽新分布种。

启良重楼在本保护区内的分布同华重楼，常与华重楼混生，相比华重楼，该种更常见一些。

保护价值及保护现状

在2021年版《国家重点保护野生植物名录》中，启良重楼被列为国家二级重点保护野生植物。

启良重楼致危因素同华重楼，此处不再赘述。

荞麦叶大百合

荞麦叶大百合，拉丁文名称为 *Cardiocrinum cathayanum*（Wilson）Stearn，属百合科（Liliaceae）大百合属（*Cardiocrinum*）。

形态特征

茎：多年生高大草本；小鳞茎高2.5 cm，直径1.2~1.5 cm；茎高50~150 cm，直径1~2 cm。

叶：除基生叶外，约离茎基部25 cm处开始有茎生叶，最下面的几枚常聚集在一处，其余散生；叶纸质，具网状脉，卵状心形或卵形，先端急尖，基部近心形，长10~22 cm，宽6~16 cm，上面深绿色，下面淡绿色；叶柄长6~20 cm，基部扩大。

花：总状花序有花3~5朵；花梗短而粗，向上斜伸，每花具一枚苞片；苞片矩圆形，长4~5.5 cm，宽1.5~1.8 cm；花狭喇叭形，乳白色或

淡绿色，内具紫色条纹；花被片条状倒披针形，长13~15 cm，宽1.5~2 cm，外轮的先端急尖，内轮的先端稍钝；花丝长8~10 cm，长为花被片的2/3，花药长8~9 mm；子房圆柱形，长3~3.5 cm，宽5~7 mm；花柱长6~6.5 cm，柱头膨大，微3裂。花期5~7月。

果：蒴果近球形，长4~5 cm，宽3~3.5 cm，红棕色；种子扁平，红棕色，周围有膜质翅。果期8~9月。

分布及生长状况

荞麦叶大百合主要分布于中国华东、华中地区，包括浙江、安徽、江西、福建、湖北、湖南、河南、江苏等地。皖西大别山区的岳西、霍山（佛子岭等地）、舒城（万佛山等地）、金寨等地均有分布。荞麦叶大百合喜湿润、冷凉、有一定遮阴的环境，多生于山坡林下、灌丛、溪谷沟边等阴湿处。

荞麦叶大百合在本保护区内属于广泛分布种之一，且常常成片生长；其种群数量大，亦属增长型种群。

保护价值及保护现状

在2021年版《国家重点保护野生植物名录》中，荞麦叶大百合被列为国家二级重点保护野生植物。

荞麦叶大百合受威胁程度较低，受威胁原因主要是人为采挖鳞茎（提取淀粉）及野猪等野生动物侵害。

安徽贝母

安徽贝母，拉丁文名称为 *Fritillaria anhuiensis* S. C. Chen & S. F. Yin，属百合科（Liliaceae）贝母属（*Fritillaria* L.）。

茎：多年生草本，植株通常较矮，高10～40 cm；鳞茎卵球形，直径约2 cm，由多数鳞片组成，鳞片一般6～9枚，罕有12～20枚，肉质，狭卵形或狭卵状披针形，呈莲花座状排列，外瓣较大。

叶：叶宽阔，是区别于其他贝母的主要特征；叶6～8片，最下面大多对生，长12～14 cm，宽1.5～3.5 cm，上面叶轮生或散生。

花：花一般单生，暗紫色且伴有白色斑，或白色伴有紫色斑（或方格状），苞片3～4枚，罕见2枚，花梗长1～2 cm，花被片几乎等大，近矩形，长4～5.5 cm，宽约1.5 cm；雄蕊6枚，雌蕊1枚，花药茎生，柱头

裂片长4～6 mm。花期3～4月。

果：蒴果长3～5 cm，具翅，每个蒴果含种子120～150粒，果实5月下旬成熟。

分布及生长状况

安徽贝母主要分布于中国安徽金寨、霍山、舒城、裕安等县区的山区，多生于海拔300～1500 m的山地丛林中，喜阴凉、湿润气候，怕炎热，畏强光，耐旱耐寒，忌渍。

安徽贝母在本保护区内是一个自然分布较常见的保护植物种，多生于海拔300～1500 m的山地丛林中。

保护价值及保护现状

安徽贝母在《世界自然保护联盟濒危物种红色名录》中被列为易危（VU）等级；在2021年版《国家重点保护野生植物名录》中被列为国家二级重点保护野生植物。

安徽贝母受威胁程度极高，受威胁原因主要是人为过度采挖。

浙贝母

拉丁文名称，种属名

浙贝母，拉丁文名称为 *Fritillaria thunbergii* Miq.，属百合科（Liliaceae）贝母属（*Fritillaria* L.）。

形态特征

茎：植株长50~80 cm；鳞茎由2（~3）枚鳞片组成，直径1.5~3 cm。

叶：叶在最下面的对生或散生，向上常兼有散生、对生和轮生的，近条形至披针形，长7~11 cm，宽1~2.5 cm，先端不卷曲或稍弯曲。

花：花1~6朵，淡黄色，有时稍带淡紫色，顶端的花具3~4枚叶状苞片，其余的具2枚苞片；苞片先端卷曲；花被片长2.5~3.5 cm，宽约1 cm，内外轮的相似；雄蕊长约为花被片的2/5；花药近基着生，花丝无

小乳突；柱头裂片长1.5～2 mm。花期3～4月。

果：蒴果长2～2.2 cm，宽约2.5 cm，棱上有宽约6～8mm的翅。果期5月。

分布及生长状况

浙贝母主要产于中国江苏南部、浙江北部和湖南，日本也有分布。皖西大别山区及江淮丘陵地区均有分布，多生于山坡路旁、林下、灌丛、草地。

浙贝母在本保护区内多见栽培，野生仅见于天堂寨。

保护价值及保护现状

在2021年版《国家重点保护野生植物名录》中，浙贝母被列为国家二级重点保护野生植物。

野生浙贝母受威胁程度较高，受威胁原因主要是人为过度采挖。

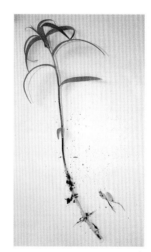

独花兰

拉丁文名称，种属名

独花兰，拉丁文名称为 *Changnienia amoena* Chien，属兰科（Orchidaceae）独花兰属（*Changnienia*）。

形态特征

茎：假鳞茎近椭圆形或宽卵球形，长 1.5～2.5 cm，宽 1～2 cm，肉质，近淡黄白色，有 2 节，被膜质鞘。

叶：仅叶 1 枚，宽卵状椭圆形至宽椭圆形，长 6.5～11.5 cm，宽 5～8.2 cm，先端急尖或短渐尖，基部圆形或近截形，背面紫红色；叶柄长 3.5～8 cm。

花：花单生，花葶长 10～17 cm，紫色，具 2 枚鞘；鞘膜质，下部抱茎，长 3～4 cm；花苞片小，凋落；花梗和子房长 7～9 mm；花大，白色而带肉红色或淡紫色晕，唇瓣有紫红色斑点；萼片长圆状披针形，长

2.7~3.3 cm，宽7~9 mm，先端钝，有5~7脉；侧萼片稍斜歪；花瓣狭倒卵状披针形，略斜歪，长2.5~3 cm，宽1.2~1.4 cm，先端钝，具7脉；唇瓣略短于花瓣，3裂，基部有距；侧裂片直立，斜卵状三角形，较大，宽1~1.3 cm；中裂片平展，宽倒卵状方形，先端和上部边缘具不规则波状缺刻；唇盘上在两枚侧裂片之间具5枚褶片状附属物；距角状，稍弯曲，长2~2.3 cm，基部宽7~10 mm，向末端渐狭，末端钝；蕊柱长1.8~2.1 cm，两侧有宽翅。花期3~4月。果期9月。

分布及生长状况

独花兰主要产于中国江苏、安徽、浙江、江西、湖北、湖南、四川及陕西南部等地，常见于海拔400~1100（~1800）m处，多生于疏林下腐殖质丰富的土壤上或沿山谷荫蔽的地方。皖西大别山区的岳西、金寨等地均有分布。

独花兰在本保护区多处有分布，如天堂寨、马宗岭、鲍家窝和康王寨等。

保护价值及保护现状

独花兰在《世界自然保护联盟濒危物种红色名录》中被列为濒危（EN）等级；在2021年版《国家重点保护野生植物名录》中被列为国家二级重点保护野生植物。

独兰花受威胁程度较高，受威胁原因可能包括：一是其授粉率、结实率低，因此自然繁殖率低；二是人为采挖，用作药材及家庭栽培；三是野生动物拱食其地下假鳞茎等。

杜鹃兰

杜鹃兰，拉丁文名称为 *Cremastra appendiculata*（D. Don）Makino，属兰科（Orchidaceae）杜鹃兰属（*Cremastra*）。

形态特征

茎：假鳞茎卵球形或近球形，长1.5～3 cm，直径1～3 cm，有关节，外被撕裂成纤维状的残存鞘。

叶：叶通常1枚，生于假鳞茎顶端，狭椭圆形、近椭圆形或倒披针状狭椭圆形，长18～34 cm，宽5～8 cm，先端渐尖，基部收狭，近楔形；叶柄长7～17 cm，下半部常为残存的鞘所包蔽。

花：花葶从假鳞茎上部节上发出，近直立，长27～70 cm；总状花序长（5～）10～25 cm，具5～22朵花；花苞片披针形至卵状披针形，长（3～）5～12 mm；花梗和子房（3～）5～9 mm；花常偏花序一侧，多少下垂，不完全开放，有香气，狭钟形，淡紫褐色；萼片倒披针形，从中

部向基部骤然收狭而成近狭线形，全长2~3 cm，上部宽3.5~5 mm，先端急尖或渐尖；侧萼片略斜歪；花瓣倒披针形或狭披针形，向基部收狭成狭线形，长1.8~2.6 cm，上部宽3~3.5 mm，先端渐尖；唇瓣与花瓣近等长，线形，上部1/4处3裂；侧裂片近线形，长4~5 mm，宽约1 mm；中裂片卵形至狭长圆形，长6~8 mm，宽3~5 mm，基部在两枚侧裂片之间具1枚肉质突起；肉质突起大小变化甚大，上面有时有疣状小突起；蕊柱细长，长1.8~2.5 cm，顶端略扩大，腹面有时有很狭的翅。花期5~6月。

果：蒴果近椭圆形，下垂，长2.5~3 cm，宽1~1.3 cm。果期9~12月。

分布及生长状况

杜鹃兰主要产于中国山西、陕西、甘肃、江苏、安徽、浙江、江西、台湾、河南、湖北、湖南、广东、四川、贵州、云南和西藏等地，常见于海拔500~2900 m处，多生于林下湿地或沟边湿地上。皖西大别山区的岳西、金寨等地均有分布。

杜鹃兰在本保护区内的鲍家窝、天堂寨和马宗岭等地均有野生分布。

保护价值及保护现状

在2021年版《国家重点保护野生植物名录》中，杜鹃兰被列为国家二级重点保护野生植物。

杜鹃兰受威胁程度较高，受威胁原因主要是人为过度采挖，尤其是近年来其在药材市场上价格高涨，致其濒临野生灭绝。

春 兰

春兰，俗称"小兰""兰草"，拉丁文名称为 *Cymbidium goeringii*（Rchb. f.）Rchb. F.，属兰科（Orchidaceae）兰属（*Cymbidium*）。

形态特征

茎：多年生草本，假鳞茎较小，卵球形，长1～2.5 cm，宽1～1.5 cm，包藏于叶基之内。

叶：叶4～7枚，带形，通常较短小，长20～40（～60）cm，宽5～9 mm，下部常多少对折而呈V形，边缘无齿或具细齿。

花：花葶从假鳞茎基部外侧叶腋中抽出，直立，长3～15（～20）cm，极罕更高，明显短于叶；花序仅1朵花，少有2朵；花苞片长而宽，一般长4～5 cm，多少围抱子房；花梗和子房长2～4 cm；花色泽变化较大，通常为绿色或淡褐黄色而有紫褐色脉纹，有香气；萼片近长圆形至长圆状倒卵形，长2.5～4 cm，宽8～12 mm；花瓣倒卵状椭圆形至长圆状卵形，长1.7～3 cm，与萼片近等宽，展开或多少围抱蕊柱；唇瓣近卵形，长1.4～2.8 cm，不明显3裂；侧裂片直立，具小乳突，在内侧靠近纵褶片处各有1个肥厚的皱褶状物；中裂片较大，强烈外弯，上面亦有乳突，边缘略呈波状；唇盘上2条纵褶片从基部上方延伸中裂片基部以上，上部向内倾斜并靠合，多少形成短管状；蕊柱长

1.2～1.8 cm，两侧有较宽的翅；花粉团4个，成2对。花期1～3月。

果：蒴果狭椭圆形，长6～8 cm，宽2～3 cm。果期3～4月。

分布及生长状况

春兰在中国主要分布于陕西、甘肃、江苏、安徽、浙江、江西、福建、台湾、河南、湖北、湖南、广东、广西、四川、贵州和云南等地。

春兰在大别山区分布较普遍，海拔500 m以下的中低山区较常见。在本保护区内的九峰尖、马宗岭的低山、窝川的龙潭河、天堂寨镇等处均有分布。

保护价值及保护现状

春兰在《世界自然保护联盟濒危物种红色名录》中被列为易危（VU）等级；在2021年版《国家重点保护野生植物名录》中被列为国家二级重点保护野生植物。

野生春兰受威胁程度较高，受威胁原因主要是人为过度采挖。

蕙 兰

蕙兰，俗称"兰草"，皖西大别山区最常见的兰草即是此种，拉丁文名称为 *Cymbidium faberi* Rolfe，属兰科（Orchidaceae）兰属（*Cymbidium*）。

形态特征

茎：多年生地生草本植物；假鳞茎不明显。

叶：叶5~8枚，带形，直立性强，长25~80 cm，宽（4~）7~12 mm，基部常对折而呈 V 形，叶脉透亮，边缘常有粗锯齿。

花：花葶从叶丛基部最外面的叶腋抽出，近直立或稍外弯，长35~50（~80）cm，被多枚长鞘；总状花序具5~11朵或更多的花；花苞片线状披针形，最下面的1枚长于子房，中上部的长1~2 cm，约为花梗和子房长度的1/2，至少超过1/3；花梗和子房长2~2.6 cm；花常为浅黄绿色，唇瓣有紫红色斑，有香气；萼片近披针状长圆形或狭倒卵形，长2.5~3.5 cm，宽6~8 mm；花瓣与萼片相似，常略短而宽；唇瓣长圆状卵形，长2~2.5 cm，3裂；侧裂片直立，具小乳突或细毛；中裂片较长，强烈外弯，有明显、发亮的乳突，边缘常皱波状；唇盘上2条纵褶片从基部上方延伸至中裂片基部，上端向内倾斜并汇合，多少形成短管；蕊柱长1.2~1.6 cm，稍向前弯曲，两侧有狭翅；花粉团4个，成2对，宽卵形。花期

3～5月。

果：蒴果近狭椭圆形，长5～5.5 cm，宽约2 cm。果期4～6月。

分布及生长状况

蕙兰主要产于中国陕西、甘肃、安徽、浙江、江西、福建、台湾、河南、湖北、湖南、广东、广西、四川、贵州、云南和西藏等地，常见于海拔300～3000 m处，多生于土壤湿润但排水良好的林下透光处。在皖西大别山区，该种是最常见的兰草种类。

蕙兰在本保护区海拔1000 m以下的中低山区广泛分布，如天堂寨镇、马宗岭、窝川、九峰尖及鲍家窝等地。

保护价值及保护现状

在2021年版《国家重点保护野生植物名录》中，蕙兰被列为国家二级重点保护野生植物。

由于蕙兰花香怡人，叶色深绿，四季常青，深受人们喜爱，故常被作为盆栽观赏植物。因此，野生蕙兰往往被过度采挖，这是其受威胁的主要原因。

扇脉杓兰

扇脉杓兰，拉丁文名称为 *Cypripedium japonicum* Thunb.，属兰科（Orchidaceae）杓兰属（*Cypripedium*）。

形态特征

茎：多年生草本，植株高35～55 cm，具较细长、横走的根状茎，直径3～4 mm，有较长的节间；地上茎直立，被褐色长柔毛，基部具数枚鞘，顶端生叶。

叶：叶通常2枚，近对生，位于植株近中部处，极罕有3枚叶互生的；叶片扇形，长10～16 cm，宽10～21 cm，上半部边缘呈钝波状，基部近楔形，具扇形辐射状脉直达边缘，两面在近基部处均被长柔毛，边缘具细缘毛。

花：花序顶生，具1花；花序柄亦被褐色长柔毛；花苞片叶状，菱形或卵状披针形，长2.5～5 cm，宽1～2（～3）cm，两面无毛，边缘具细缘毛；花梗和子房长2～3 cm，密被长柔毛；花俯垂；萼片和花瓣淡黄绿色，基部多少有紫色斑点，唇瓣淡黄绿色至淡紫白色，多少有紫红色斑点和条纹；中萼片狭椭圆形或狭椭圆状披针形，长4.5～5.5 cm，宽1.5～2 cm，

先端渐尖，无毛；合萼片与中萼片相似，长4～5 cm，宽1.5～2.5 cm，先端2浅裂。花瓣斜披针形，长4～5 cm，宽1～1.2 cm，先端渐尖，内表面基部具长柔毛；唇瓣下垂，囊状，近椭圆形或倒卵形，长4～5 cm，宽3～3.5 cm；囊口略狭长并位于前方，周围有明显凹槽并呈波浪状齿缺；退化雄蕊椭圆形，长约1 cm，宽6～7 mm，基部有短耳。花期4～5月。

果：蒴果近纺锤形，长4.5～5 cm，宽1.2 cm，疏被微柔毛。果期6～10月。

分布及生长状况

扇脉杓兰主要产于中国陕西、甘肃、安徽、浙江、江西、湖北、湖南、四川和贵州等地，多生于海拔1000～2000 m且具有湿润和丰富腐殖质土壤的林下、林缘、溪谷旁、荫蔽山坡等处。皖西大别山区的岳西、潜山，以及霍山白马尖、金寨天堂寨等地均有分布。

扇脉杓兰在本保护区海拔1000 m以上的中高海拔地区有少量零星分布，也有局部小片状集中分布，如天堂寨、鲍家窝、马宗岭和康王寨等地。

保护价值及保护现状

扇脉杓兰在《世界自然保护联盟濒危物种红色名录》中被列为濒危（EN）等级；在2021年版《国家重点保护野生植物名录》中被列为国家二级重点保护野生植物。

野生扇脉杓兰受威胁程度较高。受威胁的主要原因除其自身繁殖率低外，就是人为过度采挖，用作栽培观赏植物或药材。

天　麻

拉丁文名称，种属名

　　天麻，拉丁文名称为 *Gastrodia elata* Bl.，属兰科（Orchidaceae）天麻属（*Gastrodia*）。

形态特征

　　茎：多年生腐生草本，植株高30~100 cm，有时可达2 m；根状茎肥厚，块茎状，椭圆形至近哑铃形，肉质，长8~12 cm，直径3~5（7）cm，有时更大，具较密的节，节上被许多三角状宽卵形的鞘；地上茎直立，橙黄色、黄色、灰棕色或蓝绿色。

　　叶：退化，无绿叶，下部被数枚膜质鞘。

　　花：总状花序长5~30（50）cm，通常具30~50朵花；花苞片长圆状披针形，长1~1.5 cm，膜质；花梗和子房长7~12 mm，略短于花苞片；花扭转，橙黄、淡黄、蓝绿或黄白色，近直立；萼片和花瓣合生成的花被筒长约1 cm，直径5~7 mm，近斜卵状圆筒形，顶端具5枚裂片，但前方即两枚侧萼片合生处的裂口深达5 mm，筒的基部向前方凸出；外轮裂片（萼片离生部分）卵状三角形，先端钝；内轮裂片（花瓣离生部分）近长圆

形，较小；唇瓣长圆状卵圆形，长6～7 mm，宽3～4 mm，3裂，基部贴生于蕊柱足末端与花被筒内壁上并有一对肉质胼胝体，上部离生，上面具乳突，边缘有不规则短流苏；蕊柱长5～7 mm，有短的蕊柱足。花期5～7月。

果：蒴果倒卵状椭圆形，长1.4～1.8 cm，宽8～9 mm。果期5～7月。

分布及生长状况

天麻主要分布于中国吉林、辽宁、内蒙古、河北、山西、陕西、甘肃、江苏、安徽、浙江、江西、台湾、河南、湖北、湖南、四川、贵州、云南和西藏等地，多生于海拔400～3200 m的疏林下、林中空地、林缘、灌丛边缘。皖西大别山区的金寨、霍山、岳西等地均有分布。

野生天麻在本保护区内较少见，如在天堂寨镇、马宗岭和九峰尖等地偶见。

保护价值及保护现状

天麻是一种名贵的中药，对多种疾病均有疗效，而常寄生于天麻的蜜环菌也能药用。蜜环菌是腐寄生植物，对研究兰科植物的系统发育也有一定的价值。在2021年版《国家重点保护野生植物名录》中，天麻被列为国家二级重点保护野生植物（农业部门管理）。

野生天麻受威胁程度非常高。受威胁原因主要是人为过度采挖，以及野猪等野生动物拱食其块茎。

中华结缕草

拉丁文名称，种属名

中华结缕草，拉丁文名称为 *Zoysia sinica* Hance，属禾本科（Poaceae）结缕草属（*Zoysia*）。

形态特征

根和茎：多年生草本，根茎横走；植株高13～30 cm，基部常具宿存枯萎叶鞘。

叶：叶鞘无毛，长于或上部者短于节间，鞘口具长柔毛，叶舌短而不明显；叶淡绿或灰绿色，下面色较淡，长达10 cm，宽1～3 mm，无毛，稍坚硬，扁平或边缘内卷。

花序及花：总状花序穗形，小穗排列稍疏，长2～4（～8）cm，宽4～5 mm，伸出叶鞘外；小穗披针形或卵状披针形，黄褐或稍带紫色，长4～8 mm，宽1～1.5 mm，具长约3 mm小穗柄；颖无毛，侧脉不明显，中脉近顶端与颖分离，延伸成小芒尖；外稃膜质，长约3 mm，具中脉；花药长约2 mm；花柱2，柱头帚状。

果：颖果成熟时棕褐色，长椭圆形，长约3 mm。

分布及生长状况

中华结缕草主要分布于中国

河北、辽宁、上海、江苏、浙江、安徽、福建、江西、山东、湖南、广东、广西、海南等地。

中华结缕草在安徽的平原地区野生分布较广泛，在金寨县城及其周边低海拔地区可见野生分布，但本保护区内仅见于天堂寨低海拔地区，一般于平地、道路边等处呈片状丛生。

保护价值及保护现状

中华结缕草在2021年版《国家重点保护野生植物名录》中被列为国家二级重点保护野生植物（农业部门管理）。

中华结缕草野生资源稀少，生境的恶化及除草剂的滥用是造成其分布减少的主要因素。

八角莲

八角莲，拉丁文名称为 *Dysosma versipellis*（Hance）M. Cheng ex Ying，属小檗科（Berberidaceae）八角莲属（鬼臼属）（*Dysosma*）。

形态特征

茎：多年生草本，植株高40～150 cm；根状茎粗壮，横生，多须根；直立茎不分枝，无毛，淡绿色。

叶：茎生叶1或2枚，薄纸质，互生，盾状，近圆形，直径达30 cm，4～9掌状浅裂，裂片阔三角形，卵形或卵状长圆形，长2.5～4 cm，基部宽5～7 cm，先端锐尖，不分裂，上面无毛，背面无毛或被柔毛，叶脉明显隆起，边缘具细齿；下部叶的柄长12～25 cm，上部叶的柄长1～3 cm。

花：花梗纤细、下弯，被柔毛或无毛；花深红色，5～8朵簇生于离叶基部不远处，下垂；萼片6，长圆状椭圆形，长0.6～1.8 cm，宽6～8 mm，先端急尖，外面被短柔毛，内面无毛；花瓣6，勺状倒卵形，长约2.5 cm，

宽约8 mm，无毛；雄蕊6，长约1.8 cm，花丝短于花药，药隔先端急尖，无毛；子房椭圆形，无毛，花柱短，柱头盾状。花期3～6月。

果：浆果椭圆形，长约4 cm，直径约3.5 cm；种子多数。果期5～9月。

分布及生长状况

八角莲主要分布于中国湖南、湖北、浙江、江西、安徽、广东、广西、云南、贵州、四川、河南、陕西等地，常见于海拔300～2400 m处，多生于山坡林下、灌丛中、溪旁阴湿处、竹林下或石灰山常绿林下。皖西大别山区仅见于金寨和岳西。

八角莲在本保护区内多呈零星分布，也有几处局部呈小片集中分布，如天堂寨、马宗岭及鲍家窝等。

保护价值及保护现状

八角莲在《世界自然保护联盟濒危物种红色名录》中被列为易危（VU）等级；在2021年版《国家重点保护野生植物名录》中被列为国家二级重点保护野生植物。

八角莲受威胁程度较低。受威胁的原因可能是人为采挖（用作栽培观赏）和气候干旱等。

连香树

连香树，拉丁文名称为 *Cercidiphyllum japonicum* Sieb. et Zucc.，属连香树科（Cercidiphyllaceae）连香树属（*Cercidiphyllum*）。

形态特征

茎：落叶大乔木，高10～20 m，少数达40 m；树皮灰色或棕灰色；小枝无毛，短枝在长枝上对生；芽鳞片褐色。

叶：生短枝上的近圆形、宽卵形或心形，生长枝上的椭圆形或三角形，长4～7 cm，宽3.5～6 cm，先端圆钝或急尖，基部心形或截形，边缘有圆钝锯齿，先端具腺体，两面无毛，下面灰绿色带粉霜，掌状脉7条直达边缘；叶柄长1～2.5 cm，无毛。

花：花单性，雌雄异株；雄花常4朵丛生，近无梗；苞片在花期红色，膜质，卵形；花丝长4～6 mm，花药长3～4 mm；雌花2～6（～8）

朵，丛生；花柱长1～1.5 cm，上端为柱头面。花期4月。

果：蓇葖果2～4个，荚果状，长10～18 mm，宽2～3 mm，褐色或黑色，微弯曲，先端渐细，有宿存花柱；果梗长4～7 mm；种子数个，扁平四角形，长2～2.5 mm（不连翅长），褐色，先端有透明翅，长3～4 mm。果期8月。

分布及生长状况

连香树主要产于中国四川、河南、陕西、甘肃、安徽、浙江、江西、湖北及山西等地。皖西大别山区的岳西、舒城（万佛山）、霍山（青枫岭）、金寨（天堂寨、马宗岭）等地均有分布。

连香树在本保护区内仅见于天堂寨和马宗岭。其在本保护区内属于极小种群，而且所有植株都是大乔木，未见幼年植株，因此该种群属于衰退型种群。

保护价值及保护现状

连香树为第三纪孑遗植物，在中国和日本间断分布，对于研究第三纪植物区系起源及中国与日本植物区系的关系，有着重要的科研价值。在2021年版《国家重点保护野生植物名录》中，连香树被列为国家二级重点保护野生植物。

连香树受威胁程度较高。受威胁原因可能是自身繁殖率太低等。

野大豆

野大豆，拉丁文名称为 *Glycine soja* Sieb. et Zucc.，属豆科（Faba-ceae）大豆属（*Glycine*）。

形态特征

茎：一年生缠绕草本，长 1～4 m；茎、小枝纤细，全体疏被褐色长硬毛。

叶：叶具 3 小叶，长可达 14 cm；托叶卵状披针形，急尖，被黄色柔毛；顶生小叶卵圆形或卵状披针形，长 3.5～6 cm，宽 1.5～2.5 cm，先端锐尖至钝圆，基部近圆形，全缘，两面均被绢状的糙伏毛，侧生小叶斜卵状披针形。

花：总状花序，通常短，稀长可达 13 cm；花小，长约 5 mm；花梗密生黄色长硬毛；苞片披针形；花萼钟状，密生长毛，裂片 5，三角状披针形，先端锐尖；花冠淡红紫色或白色，旗瓣近圆形，先端微凹，基部具短瓣柄，翼瓣斜倒卵形，有明显的耳，龙骨瓣比旗瓣及翼瓣短小，密被长毛；花柱短而向一侧弯曲。花期 7～8 月。

果：荚果长圆形，稍弯，两侧稍扁，长 17～23 mm，宽 4～5 mm，密被长硬毛，种子间稍缢缩，干时易裂；种子 2～3 颗，椭圆形，稍扁，长 2.5～

4 mm，宽1.8～2.5 mm，褐色至黑色。果期8～10月。

分布及生长状况

　　野大豆在中国除新疆、青海和海南外，几乎分布于全国各地，多生于海拔150～2650 m潮湿的田边、园边、沟旁、河岸、湖边、沼泽、草甸、沿海和岛屿向阳的矮灌木丛或芦苇丛中，稀见于沿河岸疏林下。

　　野大豆在本保护区内广泛分布，如在天堂寨、马宗岭、窝川、鲍家窝和九峰尖等处较常见于荒地、路边、田间地头、房前屋后，常呈片状分布。

保护价值及保护现状

　　野大豆具有许多优良形状，如耐盐碱、抗寒、抗病等，其与大豆是近缘种，因此在农业育种上可利用野大豆进一步培育优良的大豆品种。在2021年版《国家重点保护野生植物名录》中，野生土豆被列为国家二级重点保护野生植物（农业部门管理）。

　　生境的变化且极易被当成杂草拔除，导致野大豆种群数量急剧下降。

大叶榉树

大叶榉树，拉丁文名称为 *Zelkova schneideriana* Hand.-Mazz.，属榆科（Ulmaceae）榉属（*Zelkova*）。

形态特征

茎：乔木，高达35 m，胸径达80 cm；树皮灰褐色至深灰色，呈不规则的片状剥落；当年生枝灰绿色或褐灰色，密生伸展的灰色柔毛；冬芽常2个并生，球形或卵状球形。

叶：叶厚纸质，大小形状变异很大，卵形至椭圆状披针形，长3～10 cm，宽1.5～4 cm，先端渐尖、尾状渐尖或锐尖，基部稍偏斜，圆形、宽楔形、稀浅心形，叶面绿，干后深绿至暗褐色，被糙毛，叶背浅绿，干后变淡绿至紫红色，密被柔毛，边缘具圆齿状锯齿，侧脉8～15对；叶柄粗短，长3～7 mm，被柔毛。

花：雄花1～3朵簇生于叶腋，雌花或两性花常单生于小枝上部叶腋。花期4月。

果：核果，上面偏斜，凹陷，直径约4 mm，具背腹脊，网肋明显，无毛，具宿存的花被。果期9～11月。

分布及生长状况

大叶榉树主要分布于中国陕西、甘肃、

江苏、安徽、浙江、江西、福建、河南、湖北、湖南、广东、广西、四川、贵州、云南和西藏等地。

大叶榉树在本保护区内是一个比较常见、分布较广的保护物种，其种群数量较大，且是一个增长型种群。

保护价值及保护现状

大叶榉树在《世界自然保护联盟濒危物种红色名录》中被列为易危（VU）等级；在2021年版《国家重点保护野生植物名录》中被列为国家二级重点保护野生植物。

大叶榉树受威胁程度中等。受威胁原因主要是乔木被过度砍伐。

秃叶黄檗

秃叶黄檗，拉丁文名称为 *Phellodendron chinense* var. *glabriusculum* Schneid.，属芸香科（Rutaceae）黄檗属（*Phellodendron*），为川黄檗（*Phellodendron chinense*）的变种。

形态特征

茎：树高达15 m；成年树有厚、纵裂的木栓层，内皮黄色，小枝粗壮，暗紫红色。

叶：叶轴及叶柄粗壮，有小叶7~15片，小叶纸质，长圆状披针形或卵状椭圆形，长8~15 cm，宽3.5~6 cm，顶部短尖至渐尖，基部阔楔形至圆形，两侧通常略不对称，边全缘或浅波浪状，小叶柄长1~3 mm。

花序：花序顶生，花通常密集，花序轴粗壮；花单性异株；萼片5；花瓣5~8；雄花雄蕊5~6；雌花有退化的雄蕊。花期5~6月。

果：浆果状核果，果多数密集成团，果的顶部呈略狭窄的椭圆形或近圆球形，径约1 cm或大的达1.5 cm，蓝黑色，有分核5~8（10）个；种子5~8粒，很少10粒，长6~7 mm，厚5~4 mm，一端微尖，有细网纹。果期9~11月。

分布及生长状况

秃叶黄檗主要产于中国湖北、湖南、江苏、浙江、台湾、广东、广西、贵州、四川、云南，以及陕西、甘肃两省南部等地。湖北利川与广东阳山、连山等县，以及广西沿融江两岸都有栽种，生长良好。

野生秃叶黄檗在本保护区仅在马宗岭及康王寨有分布，其他地点多是栽培植株。

保护价值及保护现状

在2021年版《国家重点保护野生植物名录》中，黄檗、川黄檗被列为国家二级重点保护野生植物，秃叶黄檗为川黄檗的变种，也属其中。

野生秃叶黄檗受威胁程度较高。受威胁原因除自身繁殖率低外，主要是人为过度剥皮（用作药材）致其死亡。

金荞麦

金荞麦，别名苦荞麦、天桥荞麦、天荞麦等，拉丁文名称为*Fagopyrum dibotrys*（D. Don）Hara，属蓼科（Polygonaceae）荞麦属（*Fagopyrum*）。

根和茎：多年生草本；主根（注意：不是根状茎）块状，木质化，黑褐色；茎直立，高50~100 cm，分枝，具纵棱，无毛，有时一侧沿棱被柔毛。

叶：叶三角形，长4~12 cm，宽3~11 cm，顶端渐尖，基部近戟形，边缘全缘，两面具乳头状突起或被柔毛；叶柄长可达10 cm；托叶鞘筒状，膜质，褐色，长5~10 mm，偏斜，顶端截形，无缘毛。

花：花序伞房状，顶生或腋生；苞片卵状披针形，顶端尖，边缘膜

质，长约3 mm，每苞内具2～4花；花梗中部具关节，与苞片近等长；花被5深裂，白色，花被片长椭圆形，长约2.5 mm，雄蕊8，比花被短，花柱3，柱头头状。花期7～9月。

果：瘦果宽卵形，具3锐棱，长6～8 mm，黑褐色，无光泽，超出宿存花被2～3倍。果期8～10月。

分布及生长状况

金荞麦主要分布于中国华东、华中、华南、西南，以及陕西等地。印度、尼泊尔、越南、泰国等也有分布。金荞麦多生于海拔250～3200 m的山谷湿地、山坡灌丛。皖西大别山区的岳西、金寨（天堂寨、南溪、汤家汇、古碑）等地均有分布。

金荞麦在本保护区内主要分布于天堂寨镇和马宗岭等处，往往呈片状集中分布。

保护价值及保护现状

在2021年版《国家重点保护野生植物名录》中，金荞麦被列为国家二级重点保护野生植物。

金荞麦的受威胁程度较低。受威胁的原因可能除人为过度利用外，还有干旱等恶劣气候因素。

软枣猕猴桃

拉丁文名称，种属名

软枣猕猴桃，拉丁文名称为 *Actinidia arguta* Planch. ex Miq.，属猕猴桃科（Actinidiaceae）猕猴桃属（*Actinidia*）。

形态特征

茎：大型落叶藤本；小枝基本无毛或幼嫩时星散地薄被柔软绒毛或茸毛，长7～15 cm，隔年枝灰褐色，直径4 mm左右，洁净无毛或部分表皮呈污灰色皮屑状，皮孔长圆形至短条形，不显著至很不显著；髓白色至淡褐色，片层状。

叶：叶膜质或纸质，卵形、长圆形、阔卵形至近圆形，长6～12 cm，宽5～10 cm，顶端急短尖，基部圆形至浅心形，等侧或稍不等侧，边缘具繁密的锐锯齿，腹面深绿色，无毛，背面绿色，侧脉腋上有髯毛或连中脉和侧脉下段的两侧沿生少量卷曲柔毛，个别较普遍地被卷曲柔毛，横脉和网状小脉细，不发达，可见或不可见，侧脉稀疏，6～7对，分叉或不分叉；叶柄长3～6（～10）cm，无毛或略被微弱的卷曲柔毛。

花：花序腋生或腋外生，为1～2回分枝，1～7花，或厚或薄地被淡褐色短绒毛，花序柄长7～10 mm，花柄8～14 mm，苞片线形，长1～4 mm；花绿白色或黄绿色，芳

香，直径 1.2～2 cm；萼片 4～6 枚；卵圆形至长圆形，长 3.5～5 mm，边缘较薄，有不甚显著的缘毛，两面薄被粉末状短茸毛，或外面毛较少或近无毛；花瓣 4～6 片，楔状倒卵形或瓢状倒阔卵形，长 7～9 mm，1 花 4 瓣的其中有 1 片二裂至半；花丝丝状，长 1.5～3 mm，花药黑色或暗紫色，长圆形箭头状，长 1.5～2 mm；子房瓶状，长 6～7mm，洁净无毛，花柱长 3.5～4 mm。花期 6～7 月。

果：浆果圆球形至柱状长圆形，长 2～3 cm，有喙或喙不显著，无毛，无斑点，不具宿存萼片，成熟时绿黄色或紫红色；种子纵径约 2.5 mm。果熟期 8～9 月。

分布及生长状况

软枣猕猴桃分化强烈，分布广泛，在中国从最北的黑龙江岸至南方广西境内的五岭山脉都有分布。皖西大别山区的岳西（包家河）、霍山、金寨等地均有分布。软枣猕猴桃常见于海拔 600～1700 m 处，多生于阴坡的针、阔混交林和杂木林中土质肥沃地带，有的生于阳坡水分充足的地方或山沟溪流旁，喜凉爽、湿润的气候，多攀缘在阔叶树上，枝蔓多集中分布于树冠上部。

软枣猕猴桃在本保护区内主要分布于海拔 600 m 以上处，特别是在天堂寨、马宗岭、窝川和康王寨较常见。

保护价值及保护现状

在 2021 年版《国家重点保护野生植物名录》中，软枣猕猴桃被列为国家二级重点保护野生植物（农业部门管理）。

长期的过度砍伐，对软枣猕猴桃的野生资源造成了严重破坏，其种群数量逐年下降。

中华猕猴桃

065

拉丁文名称，种属名

中华猕猴桃，拉丁文名称为 *Actinidia chinensis* Planch.，属猕猴桃科（Actinidiaceae）猕猴桃属（*Actinidia*）。

形态特征

茎：大型落叶藤本；幼枝或厚或薄地被有灰白色茸毛、褐色长硬毛或铁锈色硬毛状刺毛，老时秃净或留有断损残毛；花枝短的4~5 cm，长的15~20 cm，直径4~6 mm；隔年枝完全秃净无毛，直径5~8 mm，皮孔长圆形，比较显著或不甚显著；髓白色至淡褐色，片层状。

叶：叶纸质，倒阔卵形至倒卵形或阔卵形至近圆形，长6~17 cm，宽7~15 cm，顶端截平形并中间凹入或具突尖、急尖至短渐尖，基部钝圆形、截平形至浅心形，边缘具脉出的直伸的睫状小齿，腹面深绿色，无毛或中脉和侧脉上有少量软毛或散被短糙毛，背面苍绿色，密被灰白色或淡褐色星状绒毛，侧脉5~8对，常在中部以上分歧成叉状，横脉比较发达，易见，网状小脉不易见；叶柄长3~6（~10）cm，被灰白色茸毛、黄褐色长硬毛或铁锈色硬毛状刺毛。

花：聚伞花序，具1~3花，花序柄长7~15 mm，花

柄长9~15 mm；苞片小，卵形或钻形，长约1 mm，均被灰白色丝状绒毛或黄褐色茸毛；花初放时白色，放后变淡黄色，有香气，直径1.8~3.5 cm；萼片3~7片，通常5片，阔卵形至卵状长圆形，长6~10 mm，两面密被压紧的黄褐色绒毛；花瓣5片，有时少至3~4片或多至6~7片，阔倒卵形，有短距，长10~20 mm，宽6~17 mm；雄蕊极多，花丝狭条形，长5~10 mm，花药黄色，长圆形，长1.5~2 mm，基部叉开或不叉开；子房球形，径约5 mm，密被金黄色的压紧交织绒毛或不压紧不交织的刷毛状糙毛，花柱狭条形。

果：果黄褐色，近球形、圆柱形、倒卵形或椭圆形，长4~6 cm，被茸毛、长硬毛或刺毛状长硬毛，成熟时秃净或不秃净，具小而多的淡褐色斑点；宿存萼片反折；种子纵径2.5 mm。花果期5~10月。

分布及生长状况

中华猕猴桃广泛分布于中国长江流域，常见于北纬23°~24°的亚热带山区，如陕西（南端）、湖北、湖南、江西、四川、河南、安徽、江苏、浙江、江西、福建、广东（北部）、广西（北部）和台湾等地。中华猕猴桃生长于海拔200~600 m低山区的山林中，一般多出现于高草灌丛、灌木林或次生疏林中。分布于较北地区者喜温暖、湿润、背风向阳的环境。

中华猕猴桃在本保护区内分布广泛，各个片区均常见。

保护价值及保护现状

在2021年版《国家重点保护野生植物名录》中，中华猕猴桃被列为国家二级重点保护野生植物（农业部门管理）。

中华猕猴桃受威胁程度较低，且普遍栽培，品种多样。

大籽猕猴桃

　　大籽猕猴桃，拉丁文名称为 *Actinidia macrosperma* C. F. Liang，属猕猴桃科（Actinidiaceae）猕猴桃属（*Actinidia*）。

形态特征

　　茎：中小型落叶藤本或灌木状藤本；着花小枝淡绿色，长5~20 cm，一般12 cm，直径2~2.5 mm，无毛或下部薄被锈褐色小腺毛，皮孔不显著或稍显著，叶腋上偶见花柄萎断后残存的刺状遗体；芽无毛；隔年枝绿褐色，皮孔小且稀，仅仅可见；髓白色，实心。

　　叶：叶幼时膜质，老时近革质，卵形或椭圆形，长3~8 cm，宽1.7~5 cm，顶端渐尖、急尖至浑圆形，基部阔楔形至圆形，两侧对称或稍不对称，边缘有斜锯齿或圆锯齿，老时或近全缘，腹面绿色，无毛；背面浅绿色，脉腋上或有髯毛，中脉上或有短小软刺，叶脉不发达，侧一脉4~5对；叶柄水红色，长10~22 mm，无毛。

　　花：花常单生，白色，芳香，直径2~3 cm；花序柄长6~7 mm，花柄长9~15 mm，均无毛或局部有少数小腺毛；苞片披针形或条形，长1~2 mm，边缘有若干腺状毛；萼片2~3片，卵形至长卵形，顶端有喙，长6~12 mm，绿色，两面均洁净无

毛；花瓣5~12片，瓢状倒卵形，长10~15 mm；花丝丝状，长3~7 mm，花药黄色，卵形箭头状，长1.5~2.5 mm；子房瓶状，长6~8 mm，直径7 mm，无毛，花柱长约5 mm。

果：果成熟时橘黄色，卵圆形或球圆形，长3~3.5 cm，顶端有乳头状的喙，基部有或无宿存萼片，果皮上无斑点，种子粒大，长4~5 mm。花果期5~10月。

分布及生长状况

大籽猕猴桃主要产于中国广东、湖北、江西、浙江、江苏、安徽等地，多生于丘陵、低山地的丛林中或林缘。

大籽猕猴桃在本保护区内仅见于天堂寨较低海拔处（海拔500~600 m），常见于河边、地边、路边等山坡处。

保护价值及保护现状

在2021年版《国家重点保护野生植物名录》中，大籽猕猴桃被列为国家二级重点保护野生植物（农业部门管理）。

大籽猕猴桃受威胁程度较高。受威胁原因主要是有植株会感染某种虫瘿，致使其果实变形、果皮结痂、种子极少发育成熟，绝大多数种子败育，自身繁殖受限。

香果树

香果树，拉丁文名称为 *Emmenopterys henryi* Oliv.，属茜草科（Rubiaceae）香果树属（*Emmenopterys*）。

形态特征

茎：落叶大乔木，高达 30 m，胸径达 1 m；树皮灰褐色，鳞片状；小枝有皮孔，粗壮，扩展。

叶：单叶对生；叶纸质或革质，阔椭圆形、阔卵形或卵状椭圆形，长 6～30 cm，宽 3.5～14.5 cm，顶端短尖或骤然渐尖，稀钝，基部短尖或阔楔形，全缘，上面无毛或疏被糙伏毛，下面较苍白，被柔毛或仅沿脉上被柔毛，或无毛而脉腋内常有簇毛；侧脉 5～9 对，在下面凸起；叶柄长 2～8 cm，无毛或有柔毛；托叶大，三角状卵形，早落。

花：圆锥状聚伞花序顶生；花芳香，花梗长约 4 mm；萼管长约 4 mm，裂片近圆形，具缘毛，脱落，变态的叶状萼裂片白色、淡红色或淡黄色，纸质或革质，匙状卵形或广椭圆形，长 1.5～8 cm，宽 1～6 cm，有纵平行脉数条，有长 1～3 cm 的柄；花冠漏斗形，白色或黄色，长 2～3 cm，被黄白色绒毛，裂片近圆形，长约 7 mm，宽约 6 mm；花丝被绒毛。花期 6～8 月。

果：蒴果长圆状卵形或近

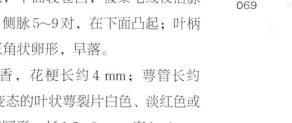

纺锤形，长3~5 cm，径1~1.5 cm，无毛或有短柔毛，有纵细棱；种子多数，小而有阔翅。果期8~11月。

分布及生长状况

香果树主要分布于中国陕西、甘肃、江苏、安徽、浙江、江西、福建、河南、湖北、湖南、广西、四川、贵州、云南等地。皖西大别山区的金寨、霍山、舒城（万佛山）等地均有分布，分布范围较广。

香果树在本保护区内属广布种，如天堂寨、马宗岭、窝川、鲍家窝、康王寨和九峰尖都有分布。

保护价值及保护现状

在2021年版《国家重点保护野生植物名录》中，香果树被列为国家二级重点保护野生植物。

香果树受威胁程度较低。受威胁原因未知，可能是干旱等气候因素。

竹节参

拉丁文名称，种属名

竹节参，俗称"竹节三七""扣子七"等，拉丁文名称为 *Panax japonicus*（T. Nees）C. A. Mey，属五加科（Araliaceae）人参属（*Panax*）。

形态特征

根和茎：多年生草本；主根肉质，圆柱形或纺锤形，淡黄色；根状茎竹鞭状，节间常瘤状肉质膨大；茎高30～60 cm。

叶：掌状复叶3～6片轮生茎顶；小叶3～5，中央一片最大，椭圆形至长椭圆形，长8～12 cm，宽3～5 cm，先端长渐尖，基部楔形，下延，边缘有锯齿，上面脉上散生少数刚毛，下面无毛，最外一对侧生小叶较小；小叶柄长达2.5 cm。

花：伞形花序单个顶生；花小，淡黄绿色；萼边缘有5齿；花瓣5；雄蕊5；子房下位，2室；花柱2，分离。花期5～6月。

果：果扁球形，成熟时鲜红色。果期7～8月。

分布及生长状况

竹节参主要分布于中国东北、云南、贵州、陕西、湖北、四川、湖南、江西和浙江等地，河北偶有栽培。竹节参一般生长于海拔800～2400 m的山坡、山谷林下阴湿处或竹林阴湿沟边，喜肥趋湿，忌强光直射，耐寒而惧高温。

竹节参在本保护区内的天堂寨、马宗岭、窝川和康王寨等地均有自然分布。

保护价值及保护现状

在2021年版《国家重点保护野生植物名录》中，竹节参被列为国家二级重点保护野生植物（农业部门管理）。

竹节参受威胁程度极高。受威胁原因主要是人为过度采挖。

第二部分　动物篇

安徽麝

拉丁文名称，种属名

安徽麝，俗称"香獐子"，拉丁文名称为*Moschus anhuiensis*，属偶蹄目（Artiodactyla）麝科（Moschidae）麝属（*Moschus*）。

形态特征

安徽麝头小、眼大，耳长而直立，上部近圆形，吻部裸露；雌雄均无角，雄性上犬齿发达，露出唇外，成獠牙，雌性上犬齿小，不露出口外；四肢细长，后肢长于前肢，较前肢发达，散臀高大于肩高，身体后部粗壮；主蹄狭长，侧蹄显著，能接触地面；尾短，隐于毛丛中。

生态习性及分布

安徽麝性格孤僻，多单独活动，仅在发情季节才出现数头相聚的现象。其多在清晨和傍晚活动，且每一个体都有相对稳定的活动区，如不受干扰可长年或一连几年生活在同一地点。受惊后，暂时逃离，不久会

返回原地。此外，其排粪也有较固定的地点，并以粪堆作为领域标记的信号。

安徽麝仅分布于大别山区，涉及安徽、河南、湖北三省。在本保护区内，安徽麝在天堂寨、马宗岭及九寨峰管理站范围内均有记录，分布较为广泛，但其种群密度非常低。

保护价值及保护现状

在2021年版《国家重点保护野生动物名录》中，安徽麝被列为国家一级重点保护野生动物；在《中国脊椎动物红色名录》中，安徽麝被列为极危（CR）等级；在《世界自然保护联盟濒危物种红色名录》中，安徽麝被列为濒危（EN）等级，其种群数量非常低，且亟待深入调查；目前，安徽麝被收录于《濒危野生动植物种国际贸易公约》（CITES）附录Ⅱ中。

历史上的森林砍伐、开荒和过度偷猎等，是导致安徽麝种群濒危的主要原因。

貉

拉丁文名称，种属名

貉，俗称"貉子""椿尾巴"，拉丁文名称为 *Nyctereutes procyonoides*，属食肉目（Carnivora）犬科（Canidae）貉属（*Nyctereutes*）。

形态特征

貉体长 45～66 cm，尾长 16～22 cm，体重 3～6 kg，体形短而肥壮，介于獾和狗之间，小于犬、狐；体色乌棕，吻部白色；两颊生有长毛，头部面颊两侧有明显的"八"字形黑纹；背部棕灰色或略带橘黄色，中央杂有黑毛，故从头顶到尾部有不显著的黑色纵纹；四肢短，呈黑色；尾巴粗短。

生态习性及分布

貉一般栖息于开阔的阔叶林、草甸、灌木丛或芦苇地中，很少见于高山的茂密森林。其为夜行性动物，善于游泳，往往以成对或临时式的家族形式生活。其食谱较为广泛，取食范围包括鸟类、小型哺乳动物甚至水果等，取食时经常沿着河岸、湖边及海边四处寻觅。貉是犬科动物

中唯一在冬季休眠的动物，因此其会在秋季大量取食，直到体重比原来增加50%为止。

在中国，貉主要分布在黑龙江、吉林、河北、江苏、云南、安徽、四川、浙江、福建等地。在本保护区内，貉分布较为广泛，在天堂寨、马宗岭及九寨峰管理站范围内均有记录。

保护价值及保护现状

在2021年版《国家重点保护野生动物名录》中，貉被列为国家二级重点保护野生动物；在《中国脊椎动物红色名录》中，貉被列为近危（NT）等级；在《世界自然保护联盟濒危物种红色名录》中，貉被列为无危（LC）等级，但其野外种群状况尚需进一步调查与评估。

由于其皮毛具有重要经济价值，貉在中国部分地区的生存可能受到威胁，需要对其进行管理与保护。在大别山区由于缺少大型食肉动物，貉对于维持生态系统稳定可能具有重要意义。

多年前，其皮毛价值引起的过度捕猎是貉最大的致危因素。目前，人类活动干扰也对貉野外种群的繁衍产生了一定的影响，如道路建设和土地开发使得貉的栖息地破碎化，阻碍了其种群的生存与扩散。

豺

拉丁文名称，种属名

豺，俗称"红毛狗""马头狼""驴头狼"，拉丁文名称为 *Cuon alpinus*，属食肉目（Carnivora）犬科（Canidae）豺属（*Cuon*）。

形态特征

豺为中等体形的犬科动物；背部与两侧的毛发为砖红色或红褐色，腹部毛色稍浅；嘴周及下颌具白毛，耳郭内侧为白色；耳背面与颈、背部毛色一致；头吻部较短，双耳较圆，相对头部比例较大；尾长而蓬松，为灰黑色至黑色，与身体毛色对比明显。

生态习性及分布

豺能够适应多种生境，包括森林、草地及半干旱荒漠等。豺往往集群生活，通过群体合作来捕食大型有蹄类猎物，捕食对象包括野猪、鹿科动物、牛科动物等大型动物，也包括体形较小的啮齿动物和野兔等。

豺还可食动物尸体残骸。

目前，豺在中国濒临绝迹，在过去的十余年间，仅在西藏、青海、甘肃、新疆、四川、云南等地有活体记录。豺也曾在本保护区内有分布，但是近30年来未再发现其活动踪迹。

保护价值及保护现状

在2021年版《国家重点保护野生动物名录》中，豺被列为国家一级重点保护野生动物；在《中国脊椎动物红色名录》中，豺被列为濒危（EN）等级；在《世界自然保护联盟濒危物种红色名录》中，豺被列为濒危（EN）等级；豺也被收录于《濒危野生动植物种国际贸易公约》（CITES）附录Ⅱ中。目前，豺野外种群数量极为稀少，亟需加强研究与保护工作。

栖息地的破坏、人为狩猎等因素，造成有蹄类等野生猎物减少，导致豺的食物短缺。此外，人们也曾经将其列为害兽并加以捕杀，其种群还容易遭受犬瘟热等传染病的危害。因此，豺在全球范围内数量锐减，濒临灭绝。

豹

豹

拉丁文名称，种属名

豹，俗称"豹子""金钱豹"，拉丁文名称为 *Panthera pardus*，属食肉目（Carnivora）猫科（Felidae）豹属（*Panthera*）。

形态特征

豹的整体毛色为浅棕色至黄色或橘黄色，在背部、体侧及尾部密布显眼的黑色空心斑点；腹部和四肢内侧为白色，头部、腿部和腹部分布有实心的黑色斑点；两耳较圆，在头顶相距较远；四肢相对身体的比例较短，尾巴较粗，尾长大于头体长之半；雄性体形大于雌性。

生态习性及分布

豹的环境适应能力极强，广泛分布在从热带到温带的多种栖息地中。

在中国，豹目前主要分布于山西、河南、河北、陕西、甘肃东南部和宁夏南部等地。豹曾在本保护区内有分布，但是20世纪80年代后就未再发现其活动踪迹。

保护价值及保护现状

在2021年版《国家重点保护野生动物名录》中，豹被列为国家一级重点保护野生动物；在《中国脊椎动物红色名录》中，豹被列为濒危（EN）等级；在《世界自然保护联盟濒危物种红色名录》中，豹被列为易危（VU）等级；豹也被收录于《濒危野生动植物种国际贸易公约》（CITES）附录 I 中。

栖息地破碎化、食物减少、与家畜养殖的冲突等，导致豹的种群数量逐渐减少。

小灵猫

拉丁文名称，种属名

　　小灵猫，俗称"香狸""七间狸"等，拉丁文名称为 *Viverricula indica*，属食肉目（Carnivora）灵猫科（Viverridae）小灵猫属（*Viverricula*）。

形态特征

　　小灵猫体形纤细，吻部尖而突出，四肢较短且后肢略长于前肢；体表具斑点，尾巴粗长且具明显的黑色环纹；身体毛色灰色至灰棕色，四足色深近黑；体表密布呈纵向排列的深色斑点，在背部中央及两侧，这些斑点相互连接形成5～7条纵纹，从肩部延伸至臀部；尾巴具黑棕相间的环纹，尾尖毛色白，尾长大于头体长之半。

生态习性及分布

　　小灵猫可以利用草地、灌丛、次生林和农田等多种生境。其食性杂，

取食范围包括小型兽类、昆虫、蚯蚓、鸟类、爬行类动物、甲壳动物等，也会取食植物果实与嫩芽，偶尔还会袭击家禽。小灵猫独居，以夜间及晨昏活动为主。其会阴腺可分泌油性分泌物，通常用于涂抹或喷射在各种物体上，以此来标记个体领地。

在中国，小灵猫主要分布在浙江、安徽、福建、海南、四川、贵州、云南、台湾、西藏等地。小灵猫曾在本保护区有分布，目前种群数量较低。

保护价值及保护现状

在2021年版《国家重点保护野生动物名录》中，小灵猫被列为国家一级重点保护野生动物；在《中国脊椎动物红色名录》中，小灵猫被列为易危（VU）等级；在《世界自然保护联盟濒危物种红色名录》中，小灵猫被列为无危（LC）等级；小灵猫也被收录于《濒危野生动植物种国际贸易公约》（CITES）附录Ⅲ中。

灵猫香是名贵的香料，导致小灵猫曾被大量捕捉、猎杀。此外，近几十年，剧毒灭鼠药物的使用，也致使小灵猫等野生小型食肉动物二次中毒，对种群数量产生一定影响。

穿山甲

拉丁文名称，种属名

穿山甲，拉丁文名称为 *Manis pentadactyla*，属鳞甲目（Pholidota）鳞鲤科（Manidae）穿山甲属（*Manis*）。

形态特征

穿山甲体长 33~59 cm，体重 3~5 kg，体形细长；背面自额直到尾部以及四肢外侧均被覆瓦状鳞甲，鳞甲间夹有数根刚毛，鳞片多为黑褐色和棕褐色两种类型；头小，呈圆锥状，无齿；眼小，舌长，通常在 20 cm 以上；尾长 21~40 cm，呈扁平状；四肢短而粗壮，前后肢均有 5 趾，爪强大、锐利，特别是前肢的中趾及第 2、4 趾有强大的挖掘能力。

生态习性及分布

穿山甲通常栖息于山陵、平原和森林中的潮湿地带，以长舌舐食白蚁、蚂蚁、蜜蜂或其他昆虫为食，嗅觉极为发达，但视听觉高度退化。穿山甲一般营穴居生活，善于挖掘，一天中的大部分时间都在洞穴中度过，仅在夜晚出洞活动1～3小时，喜好独居，生性温顺，遭遇敌害时会将身体蜷曲成球状。

穿山甲主要分布在中国的南方地区，如广东、广西、云南、福建、重庆等地。大别山区曾有穿山甲分布，但是近年来未见报道，需要进一步深入调查与监测。

保护价值及保护现状

在2021年版《国家重点保护野生动物名录》中，穿山甲被列为国家一级重点保护野生动物；在《中国脊椎动物红色名录》中，穿山甲被列为极危（CR）等级；在《世界自然保护联盟濒危物种红色名录》中，穿山甲被列为极危（CR）等级，其种群数量呈下降趋势；穿山甲也被收录于《濒危野生动植物种国际贸易公约》（CITES）附录Ⅰ中。

穿山甲在过去曾被人类大量捕捉，作为一种奢侈野味被食用，鳞片也常被用来入药，因此其长期面临着偷猎、滥捕的威胁。此外，森林生境的丧失和破碎化、农药的使用，以及山区采矿业的发展等都对穿山甲野外种群造成了一定的影响。

狼

狼，拉丁文名称为 *Canis lupus*，属食肉目（Carnivora）犬科（Canidae）犬属（*Canis*）。

形态特征

狼似犬而体大；头腭尖形，面部较长，鼻端突出，耳尖且直立；嗅觉灵敏，听觉发达；毛色变化多样，主要包括棕黄、棕灰；尾巴蓬松，呈挺直状下垂，尾上的毛色较为均匀。

生态习性及分布

狼主要生存于森林、灌丛、草原及高山草甸等生境内，一般夜间活动，而白天常在洞穴中蜷卧。狼群居性极高，主要捕食大型有蹄类动物，包括鹿类、野猪、家畜等；同时也会进食一些体形较小的猎物，如野兔和鸟类，偶尔取食腐肉。

狼曾在中国广泛分布，如河北、山西、江苏、安徽、江西、河南、云南等地均有记录。狼在本保护区内曾有分布，但已多年无其活动踪迹的报道。

保护价值及保护现状

在2021年版《国家重点保护野生动物名录》中，狼被列为国家二级重点保护野生动物；在《中国脊椎动物红色名录》中，狼被列为近危（NT）等级；在《世界自然保护联盟濒危物种红色名录》中，狼被列为无危（LC）等级，其野外种群数量总体较稳定；狼也被收录于《濒危野生动植物种国际贸易公约》（CITES）附录Ⅰ及附录Ⅱ中。

　　由于狼偶尔捕食家畜，在历史上曾遭到大量人为猎杀。此外，森林砍伐、农业的发展，在部分地区引发了生态系统的改变与退化，从而致使栖息地的退化与猎物的丧失，最终导致狼的野生种群逐渐减少。

赤 狐

拉丁文名称，种属名

赤狐，俗称"狐狸"，拉丁文名称为 *Vulpes vulpes*，属食肉目（Carnivora）犬科（Canidae）狐属（*Vulpes*）。

形态特征

赤狐为中小体形的犬科动物；吻尖而长，耳较大，高而尖且直立；成体从黄色到褐色再到深红色，而幼体一般呈浅灰褐色；耳背上半部呈黑色，与头部毛色明显不同；尾形粗大且较长，尾梢白色，具尾腺，能施放奇特臭味，被称为"狐臊"。

生态习性及分布

赤狐适应能力极强，一般生活于森林、灌丛、草地甚至农田等各种生境，喜好居住在土穴、树洞或岩石缝中，有时也占据兔、獾等动物的巢穴，洞口常有浓烈的狐臊气味。赤狐除了繁殖期和育仔期间外，一般都是独自栖息，白天、夜晚均为其活动时间，没有特定的活动高峰。赤狐的食性杂，取食范围包括小型啮齿动物、野兔、鼠兔、鸟类、两栖类、爬行类、昆虫、植物果实及茎叶等。

赤狐在中国广泛分布，如广东、陕西、吉林、安徽、河北、甘肃、福建等地均有其踪迹。赤狐曾在大别山区广泛分布，但是近年来已未见其活动踪迹，疑似在大别山区绝迹。

保护价值及保护现状

在2021年版《国家重点保护野生动物名录》中，赤狐被列为国家二级重点保护野生动物；在《中国脊椎动物红色名录》中，赤狐被列为近危（NT）等级；在《世界自然保护联盟濒危物种红色名录》中，赤狐被列为无危（LC）等级；赤狐也被收录于《濒危野生动植物种国际贸易公约》（CITES）附录Ⅲ中。

赤狐的毛皮具有较大的经济价值，历史上曾被过度猎捕。另外，栖息地的逐渐减少，也影响了赤狐的野外种群数量。

水　獭

拉丁文名称，种属名

水獭俗称"水狗""鱼猫"，拉丁文名称为 *Lutra lutra*，属食肉目（Carnivora）鼬科（Mustelidae）水獭属（*Lutra*）。

形态特征

水獭为大型鼬科动物；全身被有厚实浓密的体毛，身体、四肢、尾巴为棕灰色至咖啡色，腹面与喉部较背部毛色较浅，呈污白色至白色；头部宽扁而圆，吻部较短；双耳较小，耳廓不明显。四肢相对身体短小，脚趾间具蹼；尾巴粗壮有力。

生态习性及分布

水獭一般栖息于河流、湖泊、沼泽、水稻田等淡水生境，偏好流动的水体，极善游泳与潜水，主要食物为鱼类，也捕食蛙类、鸟类和啮齿

动物等。水獭主要营独居或成对生活，活动时间以夜间和晨昏为主，有时也活跃于白天。水獭具有领域性，会使用肛门腺分泌物、粪便及尿液来标记领地。

水獭在中国分布曾较为广泛，但目前多见于青藏高原和东北等地区。水獭曾在大别山区有分布，但是近年来未见报道，需要进一步调查与监测。

保护价值及保护现状

在2021年版《国家重点保护野生动物名录》中，水獭被列为国家二级重点保护野生动物；在《中国脊椎动物红色名录》中，水獭被列为濒危（EN）等级；在《世界自然保护联盟濒危物种红色名录》中，水獭被列为近危（NT）等级；水獭也被收录于《濒危野生动植物种国际贸易公约》（CITES）附录Ⅰ中。

栖息地破坏、环境污染，破坏了水獭的栖息地和食物来源；水獭皮毛价格昂贵，肝脏也被认为是贵重的药材，导致偷猎严重，这些都造成了其野外种群数量剧减。

豹　猫

豹猫，俗称"野猫"，拉丁文名称为 *Prionailurus bengalensis*，属食肉目（Carnivora）猫科（Felidae）豹猫属（*Prionailurus*）。

形态特征

豹猫身体大小接近家猫；头部、背部、体侧与尾巴的毛色为黄色至浅棕色，而腹部为灰白色至白色；全身密布斑点或条纹，面部具有从鼻子向上直至额头的数条纵纹，并延伸至头顶；冬季被毛比夏毛更为密实，斑纹颜色更深；尾粗大，行走时常略微上翘。

生态习性及分布

豹猫主要生活在山地林区、郊野灌丛和林缘村寨附近，栖居在树洞、土洞、石块下或石缝中，擅长爬树与游泳，一般在夜间与晨昏活动，独居生活，偶尔可见母兽带着幼崽集体活动。豹猫捕食多种小型脊椎动物，包括啮齿动物、鸟类、爬行类、两栖类、鱼类等，偶尔食腐；在其食物中也经常发现植物成分，包括草叶与浆果。

除北部和西部的干旱区外，豹猫于中国各地广泛分布。豹猫曾在大别山区分布较多，目前种群数量非常低。

保护价值及保护现状

在2021年版《国家重点保护野生动物名录》中，豹猫被列为国家二级重点保护野生动物；在《中国脊椎动物红色名录》中，豹猫被列为易危（VU）等级；在《世界自然保护联盟濒危物种红色名录》中，豹猫被列为无危（LC）等级；豹猫也被收录于《濒危野生动植物种国际贸易公约》（CITES）附录Ⅰ中。

豹猫皮曾是中国传统的外贸出口裘皮之一，导致了过度的人为捕猎，加之栖息地丧失，多数地区的豹猫种群数量均有下降，在有些地区豹猫已成濒危物种。

大 鲵

拉丁文名称，种属名

大鲵，俗称"娃娃鱼"，拉丁文名称为 *Andrias davidianus*，属有尾目（Caudata）隐鳃鲵科（Cryptobranchidae）大鲵属（*Andrias*）。

形态特征

大鲵体大而扁平，头大而宽扁，头长略大于头宽；吻端圆，外鼻孔小，接近吻端；眼小，无眼睑，位背侧，眼间距宽；口裂宽大，口后缘上唇唇褶清晰；舌大而圆，与口腔底部粘连，四周略游离；躯干粗壮扁平，颈褶明显，体侧有宽厚的纵向肤褶和若干圆形疣粒；四肢粗短，后肢略长，指、趾扁平。

生态习性及分布

大鲵白天一般卧于水下洞穴中，捕食主要在夜间进行，属肉食性，主要捕食水中的鱼类、甲壳类、两栖类及节肢动物等。成体多数单独活

动，而幼体常集群在石缝中。在含氧量较高的水体中，大鲵可较长时间伏于水底，不用浮出水面呼吸。

在中国，大鲵主要分布在河北、山西、青海、重庆、安徽和江西等地。在本保护区内，大鲵种群数量极低，分布稀少，仅在天堂寨管理站和马宗岭管理站有少量发现。

保护价值及保护现状

在2021年版《国家重点保护野生动物名录》中，大鲵被列为国家二级重点保护野生动物；在《中国脊椎动物红色名录》中，大鲵被列为极危（CR）等级；在《世界自然保护联盟濒危物种红色名录》中，大鲵被列为极危（CR）等级，其野外种群数量稀少；大鲵也被收录于《濒危野生动植物种国际贸易公约》（CITES）附录Ⅰ中。

因具有较高的经济价值，大鲵曾遭到过度猎捕，加之水体污染、生态环境的破坏等因素，致使其野外种群数量锐减。在许多地区，野生大鲵的资源逐渐枯竭，甚至濒临绝灭。

虎纹蛙

拉丁文名称，种属名

虎纹蛙，俗称"泥蛙"，拉丁文名称为 *Hoplobatrachus chinensis*，属无尾目（Anura）叉舌蛙科（Dicroglossidae）虎纹蛙属（*Hoplobatrachus*）。

形态特征

虎纹蛙体形大，头长大于头宽；吻端钝尖，鼻孔略近吻端或于吻眼之间，颊部向外倾斜；体背面粗糙，背部有长短不一、多断续排列成纵行的肤棱，其间散有小疣粒；胫部纵行肤棱明显，头侧、手、足背面和体腹面光滑；背面多为黄绿色或灰棕色，散有不规则的深绿褐色斑纹，四肢横纹明显；体和四肢腹面肉色，咽、胸部有棕色斑。

生态习性及分布

虎纹蛙生活于山区、平原、丘陵地带的稻田、鱼塘、水坑和沟渠内，其栖息地随觅食、繁殖、越冬等不同生活时期而改变。繁殖季节的成体

主要在稻田等静水、浅水中活动；幼蛙大多生活于田埂、石缝等洞穴中，捕食蝗虫、蝶蛾、蜻蜓、甲虫等昆虫。

在中国，虎纹蛙主要分布在河南、安徽、浙江、云南、贵州、湖北、台湾等地，最北达江苏盐城。在本保护区内，虎纹蛙的数量较少，仅在九寨峰管理站范围内存在较小种群。

保护价值及保护现状

在2021年版《国家重点保护野生动物名录》中，虎纹蛙被列为国家二级重点保护野生动物；在《中国脊椎动物红色名录》中，虎纹蛙被列为濒危（EN）等级；在《世界自然保护联盟濒危物种红色名录》中，虎纹蛙被列为无危（LC）等级，其野外种群数量呈一定的下降趋势。

栖息地环境的破坏与人为捕捉是影响虎纹蛙生存和繁衍的主要原因。

乌 龟

拉丁文名称，种属名

乌龟，俗称"草龟""泥龟"，拉丁文名称为 *Mauremys reevesi*，属龟鳖目（Testudoformes）地龟科（Geoemydidae）拟水龟属（*Mauremys*）。

形态特征

乌龟体形中等，头、颈部的侧面有黄色的线状斑纹；甲壳坚强，椭圆形，略扁平；背面为褐色或黑色，腹面略带黄色，均有暗褐色斑纹；四肢粗壮，略扁；雄性较小，背甲黑色，尾较长，有异臭；雌性较大，背甲棕褐色，尾较短，无异臭。

生态习性及分布

乌龟一般栖息于溪流、湖泊、稻田、水草丛等生境，白天多居于水中，食性杂，主要以昆虫、蠕虫、小鱼虾为食，亦可食嫩叶、浮萍、草种、稻谷等植物。乌龟在遭遇敌害或受惊吓时，便把头、四肢和尾缩入壳内；在水温较低时，即静卧于水底淤泥或有覆盖物的松土中冬眠。

乌龟广泛分布于中国南方各省，如江苏、浙江、安徽、江西、广东、四川等地。在本保护区内，乌龟野生个体数量极低，分点布较少，种群数量需要进一步调查研究。

保护价值及保护现状

在2021年版《国家重点保护野生动物名录》中，乌龟被列为国家二级重点保护野生动物；在《中国脊椎动物红色名录》中，乌龟被列为濒危（EN）等级；在《世界自然保护联盟濒危物种红色名录》中，乌龟被列为濒危（EN）等级；乌龟也被收录于《濒危野生动植物种国际贸易公约》（CITES）附录Ⅲ中。

受环境质量下降、栖息地破坏、过度捕捉等影响，乌龟的野生种群数量逐渐减少。

黄缘闭壳龟

拉丁文名称，种属名

黄缘闭壳龟，俗称"夹板龟"，拉丁文名称为 *Cuora flavomar-ginata*，属龟鳖目（Testudines）地龟科（Geoemydidae）闭壳龟属（*Cuora*）。

形态特征

黄缘闭壳龟的背甲呈圆形，中央隆起，绛红色，中央具淡黄色脊棱；腹甲黑色，边缘黄色，无斑点，中间有一条横向韧带，可使腹甲的前后两半分别向上移动，使前后的背甲闭合；头顶淡橄榄绿色，侧面淡黄色，下颌淡黄色或橘红色；眼眶上有金黄色条纹，左右条纹在头顶部相遇后连接形成U形条纹；四肢黑褐色，有较大鳞片，指、趾间具半蹼；尾褐色且短。

生态习性及分布

黄缘闭壳龟主要栖息于丘陵山区的林缘、杂草、灌木之中，白天多隐匿于安静、阴暗、潮湿的树根下及石缝中，喜群居，常可见多只龟在同一洞穴中活动。黄缘闭壳龟食性杂，主要以昆虫、蠕虫、软体动物为食，如天牛、金叶虫、蜈蚣、壁虎、蜗牛等，也食谷物类和果蔬类。

黄缘闭壳龟在中国主要分布于中、南部地区，如安徽、江苏、浙江、河南、湖北、台湾等地。大别山区是该物种的传统分布地，但其野外数量目前已经极其稀少，有待进一步调查研究。

保护价值及保护现状

在2021年版《国家重点保护野生动物名录》中，黄缘闭壳龟被列为国家二级重点保护野生动物；在《中国脊椎动物红色名录》中，黄缘闭壳龟被列为极危（CR）等级；在《世界自然保护联盟濒危物种红色名录》中，黄缘闭壳龟被列为濒危（EN）等级；黄缘闭壳龟也被收录于《濒危野生动植物种国际贸易公约》（CITES）附录Ⅱ中。

栖息地破坏、过度捕猎，都是导致黄缘闭壳龟野生种群数量持续下降的主要原因。

白冠长尾雉

拉丁文名称，种属名

白冠长尾雉，俗称"长尾鸡""山雉""地鸡"，拉丁文名称为 *Syrmaticus reevesii*，属鸡形目（Galliformes）雉科（Phasianidae）长尾雉属（*Syrmaticus*）。

形态特征

白冠长尾雉翅上覆羽呈白色，羽缘呈褐色；下体栗褐色，胸部的两肋具粗大白斑；雄性头顶、颌部、颈及颈后呈白色；面部具一带状黑色区域，延伸到脑后形成环绕头部的黑色环带，尾羽甚长。

生态习性与分布

白冠长尾雉喜在地形复杂、起伏不平的阔叶林、针阔叶混交林、灌丛等林缘陡峭斜坡上活动，一般单独或集小群活动。白冠长尾雉在清晨

和黄昏会频繁出没在山间小路上觅食，性机警而胆怯，善于奔跑和短距离飞翔。

白冠长尾雉为中国特有鸟种，分布在中国中部和北部，如河南、河北、陕西、山西、湖北、湖南、贵州、安徽等地。白冠长尾雉在大别山区分布较为广泛，在本保护区内的种群数量较大，主要生活在高海拔的针阔混交林中。

保护价值及保护现状

在2021年版《国家重点保护野生动物名录》中，白冠长尾雉被列为国家一级重点保护野生动物；在《中国脊椎动物红色名录》中，白冠长尾雉被列为濒危（EN）等级；在《世界自然保护联盟濒危物种红色名录》中，白冠长尾雉被列为易危（VU）等级；白冠长尾雉也被收录于《濒危野生动植物种国际贸易公约》（CITES）附录Ⅱ中。

白冠长尾雉的尾羽可以超过1.5 m，是戏曲服饰中著名的饰品，这使其遭到了过度捕杀。森林砍伐、开荒等，也使白冠长尾雉栖息地不断减少和退化。这些都导致白冠长尾雉野外种群数量不断下降。

勺 鸡

拉丁文名称，种属名

勺鸡，俗称"山麻鸡""柳叶鸡"，拉丁文名称为 *Pucrasia macrolopha*，属鸡形目（Galliformes）雉科（Phasianidae）勺鸡属（*Pucrasia*）。

形态特征

勺鸡嘴黑色，雄鸟头部呈金属暗绿色，具长冠羽；颈部两侧各有一白斑，背部灰褐色具许多"V"型黑纹，纹中间有白色羽干；羽片状若柳叶，尾羽近灰色。

生态习性与分布

勺鸡栖息于高海拔的高山针阔叶混交林中，以植物根、果实及种子

为主食，终年成对活动，秋冬成家族小群。

勺鸡在中国主要分布于西藏、云南、辽宁、浙江、福建、广东等地，一般栖息于针阔混交林、密生灌丛的多岩坡地及山脚灌丛中。在大别山区，勺鸡的分布也较为广泛。在本保护区内，勺鸡常被发现，主要活动于高海拔的针阔混交林中。

保护价值及保护现状

在2021年版《国家重点保护野生动物名录》中，勺鸡被列为国家二级重点保护野生动物；在《中国脊椎动物红色名录》中，勺鸡被列为无危（LC）等级；在《世界自然保护联盟濒危物种红色名录》中，勺鸡被列为无危（LC）等级；勺鸡也被收录于《濒危野生动植物种国际贸易公约》（CITES）附录Ⅲ中。

林地砍伐、开荒等导致勺鸡的栖息地不断减少，加之人类活动的干扰不断增加，致使其种群数量不断减少。

白额雁

拉丁文名称，种属名

白额雁，俗称"大雁"，拉丁文名称为 *Anser albifrons*，属雁形目（Anseriformes）鸭科（Anatidae）雁属（*Anser*）。

形态特征

白额雁额部、上嘴基部具有白色的宽阔带斑，头顶和后颈呈暗褐色；背部、肩部、腰部均为暗灰褐色，具有淡色的羽缘；尾羽为黑褐色，具有白色的端尾上覆羽白色；胸部以下逐渐变淡，腹部为污白色；雌雄无明显差异。

生态习性与分布

白额雁常栖息于开阔的大型湖泊、水库、滩涂草洲和农田等湿地生境中，一般集大群活动，数量多时可达数百只，主要以滩涂上的各种草本植物为食，偶尔在农田中取食农作物。

白额雁在中国主要分布在黑龙江、辽宁、新疆、湖北、湖南、安徽等地。在本保护区内，白额雁为较少见的冬候鸟，偶尔在大型水库边上能发现其踪迹。

保护价值及保护现状

在2021年版《国家重点保护野生动物名录》中，白额雁被列为国家二级重点保护野生动物；在《中国脊椎动物红色名录》中，白额雁被列为无危（LC）等级；在《世界自然保护联盟濒危物种红色名录》中，白额雁被列为无危（LC）等级。

栖息地环境不断恶化、过度狩猎等，都使得白额雁种群数量逐渐减少。

中华秋沙鸭

拉丁文名称，种属名

中华秋沙鸭，俗称"鳞肋秋沙鸭"，拉丁文名称为 *Mergus squamatus*，属雁形目（Anseriformes）鸭科（Anatidae）秋沙鸭属（*Mergus*）。

形态特征：

中华秋沙鸭雄鸟头部绿色近黑，虹膜为褐色，冠羽较长，下背、腰和两肋的黑白相间细纹呈同心圆状，在两肋和体后形成鳞片状斑纹，胸腹为白色；雌鸟头棕褐色，同样具有较长的冠羽，胸和两肋也有鳞斑纹。

生态习性与分布

中华秋沙鸭常出没于湍急河流和大型溪流，有时栖息于开阔湖泊，

成对或以家庭为群，潜水捕食鱼类，越冬期常集小群栖息于山间河流、水库湖泊中，主食鱼类、石蛾科昆虫。中华秋沙鸭的飞行和游泳能力都很强，能够较长时间在水下捕鱼捉虾或啄食水草；每年长途跋涉数千公里，从东北飞到长江流域，除迁徙时集合成大群，平时都以家族方式活动。

中华秋沙鸭是中国特有的野鸭种类，在繁殖季节主要分布于黑龙江、吉林、内蒙古等地；在大别山区为少见冬候鸟，偶尔在农田、溪流等地发现其踪迹。

保护价值及保护现状

在2021年版《国家重点保护野生动物名录》中，中华秋沙鸭被列为国家一级重点保护动物；在《中国脊椎动物红色名录》中，中华秋沙鸭被列为濒危（EN）等级；在《世界自然保护联盟濒危物种红色名录》中，中华秋沙鸭被列为濒危（EN）等级。

根据文献记载，中华秋沙鸭的栖息地现已呈孤岛状，破碎化严重，种群数量极其稀少。

鸳 鸯

拉丁文名称，种属名

鸳鸯，俗称"中国官鸭"，拉丁文名称为 *Aix galericulata*，属雁形目（Anseriformes）鸭科（Anatidae）鸳鸯属（*Aix*）。

形态特征

鸳鸯为小型游禽，雄鸟额和头顶中央翠绿色，并具金属光泽；枕部铜赤色，与后颈的暗紫绿色长羽组成羽冠；眉纹白色，宽而且长，并向后延伸构成羽冠的一部分。

生态习性与分布

鸳鸯一般生活在针叶和阔叶混交林及附近的溪流、沼泽、芦苇塘、湖泊等处。大多数情况下，二十多只集群一起活动，有时也同其他野鸭混在一起生活。

鸳鸯广泛分布于中国各地，除新疆、青海、西藏外均有分布。江西省上饶市婺源县鸳鸯湖是亚洲乃至全世界最大的野生鸳鸯越冬栖息地。在大别山区，鸳鸯分布较为广泛，但是种群数量不多，主要出现在高海拔针阔混交林附近的溪流中。

保护价值及保护现状

在2021年版《国家重点保护野生动物名录》中，鸳鸯被列为国家二级重点保护野生动物；在《中国脊椎动物红色名录》中，鸳鸯被列为近危（NT）等级；在《世界自然保护联盟濒危物种红色名录》中，鸳鸯被列为无危（LC）等级。

鸳鸯因其色彩艳丽，曾经遭到大量捕杀，使其数量锐减。目前，栖息地不足，也是制约鸳鸯种群数量增长的重要因素。

白　鹤

白
鹤

拉丁文名称，种属名

白鹤，拉丁文名称为 *Grus leucogeranus*，属鹤形目（Gruiformes）鹤科（Gruidae）鹤属（*Grus*）。

形态特征

白鹤为大型涉禽，体长约135 cm；站立时全身白色，面部具红色裸皮，喙部、脚暗红色，飞行时翅膀尖端黑，其余羽毛白；幼鸟棕黄色。

生态习性与分布

白鹤主要生活在开阔平原的沼泽草地、苔原沼泽和大的湖泊岸边及浅水沼泽等地区，对浅水湿地依赖性强。白鹤常单独、成对和成家族群

活动，迁徙季节和冬季常集成数十只甚至上百只的大群，筑巢于荒原冻土带的沼泽中，在富有植物的水边浅水处觅食。白鹤食性杂，以苦草、眼子菜、苔草等植物的茎和块根为食，也吃水生植物的叶、嫩芽和少量蚌、螺、软体动物等动物性食物。

在中国，白鹤在繁殖季一般于内蒙古呼伦湖、黑龙江中部齐齐哈尔和辽东一带生活。在大别山区，白鹤是非常少见的旅鸟，在11月迁徙期时，白鹤从大别山上空经过，可以被观测到。

保护价值及保护现状

在2021年版《国家重点保护野生动物名录》中，白鹤被列为国家一级重点保护野生动物；在《中国脊椎动物红色名录》中，白鹤被列为极危（CR）等级；在《世界自然保护联盟濒危物种红色名录》中，白鹤被列为极危（CR）等级；白鹤也被收录于《濒危野生动植物种国际贸易公约》（CITES）附录Ⅰ中。

栖息地的破坏和改变、外来引入种群的竞争、自身繁殖成活率低、国际性的环境污染等因素，致使白鹤现已濒临灭绝，其中人类对环境的破坏和捕杀是其主要致危因素。

小鸦鹃

拉丁文名称，种属名

小鸦鹃，俗称"小毛鸡""红毛鸡"等，拉丁文名称为 *Centropus bengalensis*，属鹃形目（Cuculiformes）杜鹃科（Cuculidae）鸦鹃属（*Centropus*）。

形态特征

小鸦鹃翅上覆羽呈白色，羽缘呈褐色；下体栗褐色，胸部的两肋具粗大白斑；雄性头顶、颌部、颈及颈后呈白色；面部具一带状黑色区域，延伸到脑后形成环绕头部的黑色环带，尾羽甚长。

小
鸦
鹃

115

生态习性与分布

小鸦鹃多在林缘地带、次生灌木丛、多芦苇河岸及红树林等地生活，喜在地面、小灌丛及树间跳动、嬉戏觅食，主要以昆虫和小型动物为食。

小鸦鹃在中国主要分布于云南、贵州、广西、广东、海南、安徽、河南、福建及台湾等地。在大别山区，小鸦鹃的分布较少，在本保护区内也较为少见，于高海拔地区的林缘灌丛中偶见其活动。

保护价值及保护现状

在2021年版《国家重点保护野生动物名录》中，小鸦鹃被列为国家二级重点保护野生动物；在《中国脊椎动物红色名录》中，小鸦鹃被列为无危（LC）等级；在《世界自然保护联盟濒危物种红色名录》中，小鸦鹃被列为无危（LC）等级。

目前，小鸦鹃种群数量整体较为稳定，暂无濒危风险。

海南鳽

拉丁文名称，种属名

海南鳽，俗称"白耳夜鹭""海南夜鳽"，拉丁文名称为 *Gorsachius magnificus*，属鹈形目（Pelecaniformes）鹭科（Ardeidae）夜鳽属（*Gorsachius*）。

形态特征

海南鳽体形短粗，前额、头顶、头侧、枕部和冠羽均为黑色；眼大，眼后有一道白色条纹向后延伸至耳羽上方的羽冠处，眼下有一块白斑；上体为暗褐色；飞羽为石板灰色，具有绿色的金属光泽；暗褐色翅膀上有少许白色斑点；额、喉和前颈为白色，中央有一条黑线延伸到下喉部；胸部、腹部及体侧杂有灰栗色斑纹；嘴为黑色，下喙的基部为黄绿色；眼先和颊的裸露部为深绿色；脚为绿黑色。

生态习性与分布

海南鳽喜爱栖息于亚热带高山密林中的山沟河谷，以及邻近水域的其他地方。其白天多隐藏在密林中，早晚活动和觅食，主要以小鱼、蛙和昆虫等动物为食。

海南鳽为中国特有的鸟类，主要分布在中国西北部和海南等地，其中在海南的为留鸟，在其他地区的为夏候鸟或旅鸟。在大别山区，海南鳽分布较少，一般栖息在茂密的阔叶林中，很难发现其踪迹。

保护价值及保护现状

在2021年新版《国家重点保护野生动物名录》中，海南鳽被列为国家一级重点保护野生动物；在《世界自然保护联盟濒危物种红色名录》中，海南鸦被列为濒危（EN）等级。

　　森林砍伐等引起栖息地丧失是导致海南鸦种群数量减少的重要因素。

金　雕

拉丁文名称，种属名

金雕，俗称"老雕"，拉丁文名称为 *Aquila chrysaetos*，属鹰形目（Accipitriformes）鹰科（Accipitridae）雕属（*Aquila*）。

形态特征

金雕雌雄同色；幼体头、颈黄棕色；两翼飞羽除了最外侧三枚外基部均缀有白色，其余身体部分暗褐色；羽尾呈灰白色，羽端部黑色；成年个体翼和尾部均无白色，头顶及枕部羽色转为金褐；其跗跖部全部被羽毛覆盖。

生态习性与分布

金雕喜好栖息于森林、草原、荒漠等各种环境中，一般在高原、山地、丘陵地区活动，冬季亦常到海拔较低的山地丘陵和山脚平原地带活动，繁殖季筑巢于山谷峭壁的凹陷处，偶尔在高大乔木上筑巢。金雕以其敏捷的飞行能力著称，以中大型的鸟类和兽类为食。

金雕在中国各地均有分布。金雕在大别山区为罕见种，一般在农田上空盘旋，很少被观测到。

保护价值及保护现状

在2021年版《国家重点保护野生动物名录》中，金雕被列为国家一级重点保护野生动物；在《中国脊椎动物红色名录》中，金雕被列为易危（VU）等级；在《世界自然保护联盟濒危物种红色名录》中，金雕被列为无危（LC）等级。

金雕种群数量稳定，暂时处于无危状态。

白腹隼雕

　　白腹隼雕，俗称"白腹山雕"，拉丁文名称为 *Hieraaetus fasciata*，属鹰形目（Accipitriformes）鹰科（Accipitridae）隼雕属（*Hieraaetus*）。

形态特征

　　白腹隼雕为大型猛禽，体长约 70 cm；成鸟胸前白色而具细纵纹，背部黄褐色；亚成鸟头部至腹部红褐色；翼尖黑色，翼下覆羽黑色，尾羽末梢黑色；虹膜黄褐色，嘴灰色，蜡膜及脚黄色。

生态习性与分布

　　白腹隼雕性情胆大而凶猛，行动迅速，常单独活动，以鸟类和兽类等为食，冬季常会在湿地周围越冬。

白
腹
隼
雕

121

白腹隼雕在中国主要分布在长江及以南地区，如贵州、湖北、安徽、浙江、广西等地。白腹隼雕在大别山区为少见留鸟。

保护价值及保护现状

在2021年版《国家重点保护野生动物名录》中，白腹隼雕被列为国家二级重点保护野生动物；在《中国脊椎动物红色名录》中，白腹隼雕被列为易危（VU）等级；在《世界自然保护联盟濒危物种红色名录》中，白腹隼雕被列为无危（LC）等级。

杀虫剂、栖息地退化、食物减少、捕猎等因素，导致白腹隼雕的种群数量急剧下降。

黑冠鹃隼

拉丁文名称，种属名

黑冠鹃隼，拉丁文名称为 *Aviceda leuphotes*，属鹰形目（Accipitri-formes）鹰科（Accipitridae）鹃隼属（*Aviceda*）。

形态特征

黑冠鹃隼的身体主要为黑色，有褐色或白色的斑块，其羽冠常竖立，极为显著。

生态习性与分布

黑冠鹃隼常栖息于平原低山丘陵和高山森林地带，也出现于疏林草

坡、村庄、林缘田间地带，常单独活动，有时也有3至5只的小群活动。黑冠鹃隼常在森林上空翱翔和盘旋，间或作一些鼓翼飞翔，动作极为悠闲，有时也在林内和地上活动和捕食。

黑冠鹃隼在中国主要分布于四川、浙江、福建、江西、湖南、广东、广西、贵州、云南、安徽、海南等地。黑冠鹃隼在大别山区分布广泛，但是种群数量较低，在本保护区内的高海拔针阔混交林中偶尔可以发现其活动踪迹。

保护价值及保护现状

在2021年版《国家重点保护野生动物名录》中，黑冠鹃隼被列为国家二级重点保护野生动物；在《中国脊椎动物红色名录》中，黑冠鹃隼被列为无危（LC）等级；在《世界自然保护联盟濒危物种红色名录》中，黑冠鹃隼被列为无危（LC）等级。

森林过度开发使得其栖息地被破坏，导致黑冠鹃隼种群数量逐渐减少。

凤头鹰

拉丁文名称，种属名

凤头鹰，俗称"凤头苍鹰"，拉丁文名称为 *Accipiter trivirgatus*，属鹰形目（Accipitriformes）鹰科（Accipitridae）鹰属（*Accipiter*）。

形态特征

凤头鹰的头前额至后颈鼠灰色，冠羽显著，与头同色，其余上体褐色，尾具4道宽阔的暗色横斑；喉白色，具显著的黑色中央纹；胸棕褐色，具白色纵纹，其余下体白色，具窄的棕褐色横斑；尾下覆羽白色。

生态习性与分布

凤头鹰性善隐藏而机警，常躲藏在树叶丛中，有时也栖于空旷处孤立的树枝上，以蛙、蜥蜴、鼠类、昆虫等为食，也吃鸟和小型哺乳动物。凤头鹰飞行缓慢，盘旋飞行时双翼常往下压或抖动，领域性强，多单独活动。

凤头鹰在中国分布广泛，多见于四川、云南、贵州、广西、安徽等地。凤头鹰在大别山区为较常见的留鸟，多见于山地森林内，喜居高海拔的阔叶林。

保护价值及保护现状

在2021年版《国家重点保护野生动物名录》中，凤头鹰被列为国家二级重点保护野生动物；在《中国脊椎动物红色名录》中，凤头鹰被列为近危（NT）等级；在《世界自然保护联盟濒危物种红色名录》中，凤头鹰被列为无危（LC）等级。

森林砍伐造成栖息地减少，以及偷猎行为，都导致了凤头鹰种群数量有所下降。

赤腹鹰

赤腹鹰，俗称"鸽子鹰"，拉丁文名称为 *Accipiter soloensis*，属鹰形目（Accipitriformes）鹰科（Accipitridae）鹰属（*Accipiter*）。

形态特征

赤腹鹰体形中等，体长约33 cm，下体色甚浅；成鸟上体淡蓝灰，背部羽尖略具白色，外侧尾羽具不明显黑色横斑；下体白，胸及两胁略沾粉色，两胁具浅灰色横纹，腿上也略具横纹；成鸟翼下特征为除初级飞羽羽端黑色外，几乎全白。

生态习性与分布

赤腹鹰喜好在开阔林区生活，机警善隐藏，常躲藏在树叶丛中，有时也栖于空旷处孤立的树枝上，多单独活动，领域性较强。赤腹鹰主要以蛙、蜥蜴等为食，也吃小型鸟类、鼠类和昆虫。

赤腹鹰在中国分布广泛，如四川、陕西、湖南、湖北、安徽、江西、江苏、浙江、福建、广西（繁殖鸟）、广东、台湾（留鸟）、海南（冬候鸟）等地。在大别山区及周边地区，赤腹鹰较为常见，主要栖息在针阔混交林中。

保护价值及保护现状

在2021年版《国家重点保护野生动物名录》中，赤腹鹰被列为国家二级重点保护野生动物；在《中国脊椎动物红色名录》中，赤腹鹰被列为无危（LC）等级；在《世界自然保护联盟濒危物种红色名录》，赤腹鹰被列为无危（LC）等级。

赤腹鹰目前处于无危状态，种群数量较为稳定。

日本松雀鹰

日本松雀鹰，拉丁文名称为 *Accipiter gularis*，属鹰形目（Accipitri-formes）鹰科（Accipitridae）鹰属（*Accipiter*）。

日本松雀鹰的外形和羽色类似松雀鹰，但喉部中央的黑纹较为细窄；雄鸟虹膜为深红色，雌鸟虹膜为黄色；嘴为石板蓝色，尖端黑色；蜡膜为黄色；脚为黄色，爪为黑色。

生态习性与分布

日本松雀鹰主要栖息于山地针叶林和混交林中，也出现在林缘和疏林地带，是典型的森林猛禽，主要以小型鸟类为食，也吃昆虫和蜥蜴。

在中国，日本松雀鹰的繁殖地主要分布在黑龙江、吉林、河北北部和内蒙古东北部等地，迁徙季节可见于长江以南等地。日本松雀鹰在大别山区为旅鸟，迁徙季节数量较多。

保护价值及保护现状

在2021年版《国家重点保护野生动物名录》中，日本松雀鹰被列为国家二级重点保护野生动物；在《中国脊椎动物红色名录》中，日本松雀鹰被列为无危（LC）等级；在《世界自然保护联盟濒危物种红色名录》中，日本松雀鹰被列为无危（LC）等级。

日本松雀鹰目前处于无危状态，种群数量较为稳定。

雀 鹰

拉丁文名称，种属名

雀鹰，拉丁文名称为 *Accipiter nisus*，属鹰形目（Accipitriformes）鹰科（Accipitridae）鹰属（*Accipiter*）。

形态特征

雀鹰为中小型猛禽，体长 32~38 cm；雄鸟上体灰褐色，下体白色且密布棕色横斑，尾具横带，棕色的脸颊为其识别特征；雌鸟体形较大，上体褐，下体白，胸、腹及腿具灰褐色横斑，无喉中线，脸颊棕色较少；虹膜及脚黄色，蜡膜青黄色，嘴黑色。

生态习性与分布

雀鹰常栖息于针叶林、常绿阔叶林及开阔的林缘、疏林地带，冬季常到山脚和平原地带的小块丛林、竹园与河谷地带活动，主要以雀形目小鸟、昆虫和鼠类为食。

雀鹰在中国东北、新疆西北部的天山进行繁殖，冬季南迁至中国东南部及中部地区，如安徽、河北、山东、宁夏、内蒙古、广东、福建、台湾等地。雀鹰在本保护区内为冬候鸟，较少见，常出没于高海拔的针阔混交林中。

保护价值及保护现状

在2021年版《国家重点保护野生动物名录》中，雀鹰被列为国家二级重点保护野生动物；在《中国脊椎动物红色名录》中，雀鹰被列为无危（LC）等级；在《世界自然保护联盟濒危物种红色名录》中，雀鹰被列为无危（LC）等级。

雀鹰目前处于无危状态，种群数量较为稳定。

松雀鹰

松雀鹰，俗称"雀子鹰"，拉丁文名称为 *Accipiter virgatus*，属鹰形目（Accipitriformes）鹰科（Accipitridae）鹰属（*Accipiter*）。

形态特征

松雀鹰为中小型猛禽，体长约 33 cm；雄鸟上体深灰色，尾具粗横斑；下体白，两胁棕色且具褐色横斑，喉白色且具黑色喉中线和黑色髭纹；尾较长，翼及尾下覆羽黑色横斑明显；雌鸟及亚成鸟两胁棕色少，

下体多具红褐色横斑，背及尾褐色且具深色横斑；虹膜黄色，嘴黑色，蜡膜青灰色，腿及脚黄色。

生态习性与分布

松雀鹰常栖息于山地针叶林、阔叶林和混交林中，冬季则会到海拔较低的山区活动，性机警，常单独活动，主要捕食鼠类、小鸟、昆虫等。

松雀鹰在中国主要分布于安徽、云南、广西、广东、福建、台湾等地。松雀鹰在大别山区为留鸟，较少见，一般出现在较高海拔的针阔混交林中。

保护价值及保护现状

在2021年版《国家重点保护野生动物名录》中，松雀鹰被列为国家二级重点保护野生动物；在《中国脊椎动物红色名录》中，松雀鹰被列为无危（LC）等级；在《世界自然保护联盟濒危物种红色名录》中，松雀鹰被列为无危（LC）等级。

松雀鹰目前处于无危状态，种群数量较为稳定。

苍 鹰

拉丁文名称，种属名

苍鹰，俗称"老鹰""黄鹰"，拉丁文名称为 *Accipiter gentilis*，属鹰形目（Accipitriformes）鹰科（Accipitridae）鹰属（*Accipiter*）。

形态特征

苍鹰为中型猛禽，翼展约 1.3 m，体长约 56 cm；无羽冠或喉中线，具白色的宽眉纹；成鸟上体青灰色，下体白色且具褐色细横纹，耳羽黑色；亚成鸟上体褐色浓重，羽缘色浅成鳞状纹，下体苍白具黑褐色的粗纵纹，尾羽灰褐色，具 4～5 条比成鸟更显著的暗褐色横斑；雄性虹膜橘红色，雌性及亚成鸟黄色；蜡膜及脚黄色；嘴部灰色。

生态习性与分布

苍鹰为林栖性鹰类，两翼宽圆，能作快速翻转扭绕，主要捕食斑鸠、鸽子等鸟类，以及野兔等哺乳类动物。

苍鹰在中国各地均有分布，如北京、天津、河北、山西、内蒙古、辽宁、吉林、黑龙江、上海、安徽等地。在本保护区内，苍鹰为冬候鸟，较少见，主要在中海拔的针阔混交林中活动。

保护价值及保护现状

在2021年版《国家重点保护野生动物名录》中，苍鹰被列为国家二级重点保护野生动物；在《中国脊椎动物红色名录》中，苍鹰被列为近危（NT）等级；在《世界自然保护联盟濒危物种红色名录》中，苍鹰被列为无危（LC）等级。

苍鹰目前处于无危状态，种群数量较为稳定。

白腹鹞

白腹鹞，俗称"泽鹞""白尾巴根子"，拉丁文名称为 *Circus spilonotus*，属鹰形目（Accipitriformes）鹰科（Accipitridae）鹞属（*Circus*）。

形态特征

白腹鹞为中型猛禽，体长50~60 cm；雄鸟头顶至上背白色，具宽阔的黑褐色纵纹；上体黑褐色，具污灰白色斑点，外侧覆羽和飞羽银灰色，初级飞羽黑色，尾上覆羽白色，喉、胸具黑褐色纵纹。

白
腹
鹞

137

生态习性与分布

白腹鹞喜欢在开阔地带活动，尤其是多草沼泽地带或芦苇地，常两翅向上举成浅"V"字形，缓慢而长时间地滑翔，偶尔扇动几下翅膀，栖息时多在地上或低的土堆上。

白腹鹞在中国主要分布在云南、广东、海南、福建、香港、台湾、安徽等地。白腹鹞在大别山区分布较为广泛，经常在高海拔的农田上空活动。

保护价值及保护现状

在2021年版《国家重点保护野生动物名录》中，白腹鹞被列为国家二级重点保护野生动物；在《中国脊椎动物红色名录》中，白腹鹞被列为近危（NT）等级；在《世界自然保护联盟濒危物种红色名录》中，白腹鹞被列为无危（LC）等级。

捕猎，尤其是鸟网是导致白腹鹞种群数量减少的重要原因。

白尾鹞

拉丁文名称，种属名

白尾鹞，俗称"灰泽鹞""灰鹰""白抓"，拉丁文名称为 *Circus cyaneus*，属鹰形目（Accipitriformes）鹰科（Accipitridae）鹞属（*Circus*）。

形态特征

白尾鹞雄鸟上体蓝灰色，头和胸较暗，翅尖黑色，尾上覆羽白色，腹、两胁和翅下覆羽白色。

白
尾
鹞

生态习性与分布

白尾鹞常沿地面低空飞行，频频鼓动两翼，飞行极为敏捷迅速，特别是在追击猎物的时候。白尾鹞主要以小型鸟类、鼠类、蛙、蜥蜴和大型昆虫等为食，白天活动和觅食，晨昏最为活跃。

白尾鹞在中国主要分布于新疆、内蒙古、吉林、辽宁、黑龙江、甘肃、青海等地；迁徙期间经过河北、山东、山西、陕西、四川、安徽等地。白尾鹞在大别山区分布较为广泛，主要发现在高海拔的农田上空。

保护价值及保护现状

在2021年版《国家重点保护野生动物名录》中，白尾鹞被列为国家二级重点保护野生动物；在《中国脊椎动物红色名录》中，白尾鹞被列为近危（NT）等级；在《世界自然保护联盟濒危物种红色名录》中，白尾鹞被列为无危（LC）等级。

白尾鹞分布范围较广，种群较大，种群数量趋势稳定，暂时处于无危状态。

黑　鸢

拉丁文名称，种属名

黑鸢，俗称"老鹰""鸢"，拉丁文名称为*Milvus migrans*，属鹰形目（Accipitriformes）鹰科（Accipitridae）鸢属（*Milvus*）。

形态特征

黑鸢为中型猛禽；上体暗褐色，下体棕褐色，均具黑褐色羽干纹，尾较长，呈叉状，具宽度相等的黑色和褐色相间排列的横斑；飞翔时翼下左右各有一块大的白斑；雌鸟显著大于雄鸟。

生态习性与分布

　　黑鸢栖息于多种栖息地，如开阔平原、草地、荒原和低山丘陵地带，也常在城郊、村屯、田野、湖泊上空活动，主要以小鸟、鼠类、蛇、蛙、鱼、野兔、蜥蜴和昆虫等为食。

　　黑鸢在大别山区分布非常广泛，属常见留鸟，全年可见，喜好在较低海拔的针阔混交林及平原活动。

保护价值及保护现状

　　在2021年版《国家重点保护野生动物名录》中，黑鸢被列为国家二级重点保护野生动物；在《中国脊椎动物红色名录》中，黑鸢被列为无危（LC）等级；在《世界自然保护联盟濒危物种红色名录》中，黑鸢被列为无危（LC）等级。

　　目前，黑鸢种群数量多而稳定，暂时处于无危状态。

普通鵟

拉丁文名称，种属名

普通鵟俗称"日本鵟""东亚鵟"，拉丁文名称为*Buteo japonicus*，属鹰形目（Accipitriformes）鹰科（Accipitridae）鵟属（*Buteo*）。

形态特征

普通鵟为中型猛禽，体长约 55 cm；个体颜色差异较大，有深色型、棕色型、淡色型之分，翼尖黑色，飞行时有明显黑色翼斑；虹膜及脚部黄色，嘴灰色，蜡膜黄色。

生态习性与分布

普通𫛭常在开阔平原、荒漠、旷野、开垦的耕作区、林缘草地和村庄的上空盘旋翱翔，多单独活动，善飞翔，以小型鸟类、啮齿动物等为食。

普通𫛭在中国各地均有分布，如安徽、河北、福建等地。在本保护区内，普通𫛭为冬候鸟，较少见，偶见于农田上空。

保护价值及保护现状

在2021年版《国家重点保护野生动物名录》中，普通𫛭被列为国家二级重点保护野生动物；在《中国脊椎动物红色名录》中，普通𫛭被列为无危（LC）等级；在《世界自然保护联盟濒危物种红色名录》中，普通𫛭被列为无危（LC）等级；普通𫛭也被收录于《濒危野生动植物种国际贸易公约》（CITES）附录Ⅱ中。

栖息地的破坏和丧失，使得普通𫛭种群数量逐渐减少。

红角鸮

拉丁文名称，种属名

红角鸮，俗称"猫头鹰"，拉丁文名称为 *Otus sunia*，属鸮形目（Strigiformes）鸱鸮科（Strigidae）角鸮属（*Otus*）。

形态特征

红角鸮属小型鸮类，上体灰褐色，有黑褐色虫蠹状细纹；面盘灰褐色，密布纤细黑纹，领圈淡棕色，耳羽基部棕色，头顶至背和翅覆羽杂以棕白色斑；飞羽大部分黑褐色，尾羽灰褐色，尾下覆羽白色；下体红褐至灰褐色，有暗褐色纤细横斑和黑褐色羽干纹；喙暗绿色，先端近黄色。

生态习性与分布

红角鸮一般夜晚活动，白天潜伏于树林中；营巢于树洞、岩缝或人工巢箱，也利用鸦科鸟类的旧巢，以枯草筑巢，内垫苔藓和羽毛。红角鸮主要以蝗虫、金龟子、蝉、蛾类等为食，也捕食鼠类。

红角鸮在中国各地均有分布。红角鸮在大别山区分布较为广泛，为较常见的夏候鸟，常在中高海拔的针阔混交林中活动。

保护价值及保护现状

在2021年版《国家重点保护野生动物名录》中，红角鸮被列为国家二级重点保护野生动物；在《中国脊椎动物红色名录》中，红角鸮被列为无危（LC）等级；在《世界自然保护联盟濒危物种红色名录》中，红角鸮被列为无危（LC）等级；红角鸮也被收录于《濒危野生动植物种国际贸易公约》（CITES）附录Ⅱ中。

目前，红角鸮的种群数量较稳定，暂时处于无危状态。

领角鸮

拉丁文名称，种属名

领角鸮，俗称"猫头鹰"，拉丁文名称为 *Otus lettia*，属鸮形目（Strigiformes）鸱鸮科（Strigidae）角鸮属（*Otus*）。

形态特征

领角鸮为小型猫头鹰，体长约 24 cm；上体灰褐色或沙褐色，杂有暗色虫蠹状斑块和黑色羽干纹；耳羽簇明显，后颈基部有乳白色领环；下体皮黄，并具黑色条纹；虹膜红褐色，嘴及脚污黄色；

生态习性与分布

领角鸮通常单独活动，夜行性，白天多躲藏在树上浓密的枝丛间，主要以鼠类、甲虫、蝗虫、鞘翅目昆虫为食。

领角鸮在中国主要分布在东北、华北、西南、华中及华南地区，如安徽、福建等地。在大别山区，领角鸮是夏候鸟，较少见，夜晚在落叶林中偶尔能够发现其踪迹。

保护价值及保护现状

在2021年版《国家重点保护野生动物名录》中，领角鸮被列为国家二级重点保护野生动物；在《中国脊椎动物红色名录》中，领角鸮被列为无危（LC）等级；在《世界自然保护联盟濒危物种红色名录》中，领角鸮被列为无危（LC）等级；领角鸮也被收录于《濒危野生动植物种国际贸易公约》（CITES）附录Ⅱ中。

杀虫剂的滥用等因素，直接或间接地影响了领角鸮的生存环境，使得其种群数量不断下降。

领鸺鹠

拉丁文名称，种属名

领鸺鹠，俗称 "小鸺鹠"，拉丁文名称为 *Glaucidium brodiei*，属鸮形目（Strigiformes）鸱鸮科（Strigidae）鸺鹠属（*Glaucidium*）。

形态特征

领鸺鹠为小型猫头鹰，纤小而多横斑，雌雄同型；虹膜黄色，嘴角质色，颈圈浅色，无耳羽簇；上体浅褐色而具橙黄色横斑，头顶灰色，具白或皮黄色的小型 "眼状斑"，颈背有橘黄色和黑色的假眼。

生态习性与分布

领鸺鹠常栖息于山地森林和林缘灌丛地带，除繁殖期成对生活外，其他时间都是单独活动。主要在白天活动，飞行时常急剧地拍打翅膀作鼓翼飞翔，然后再作一段滑翔，交替进行。休息时多栖息于高大的乔木上，并常常左右摆动着尾羽。夜晚栖于高树，由凸显的栖木上出猎捕食。飞行时振翼极快。

领鸺鹠在中国分布广泛，包括上海、江苏、浙江、安徽、福建、江西、河南、湖北、湖南、广东、广西、海南、四川、贵州、云南、陕西、甘肃和台湾等地。领鸺鹠在大别山区分布较为广泛，但总体种群数量较低，多栖息在高海拔的针阔混交林中。

保护价值及保护现状

在2021年版《国家重点保护野生动物名录》中，领鸺鹠被列为国家二级重点保护野生动物；在《中国脊椎动物红色名录》中，领鸺鹠被列为无危（LC）等级；在《世界自然保护联盟濒危物种红色名录》中，领鸺鹠被列为无危（LC）等级；领鸺鹠也被收录于《濒危野生动植物种国际贸易公约》（CITES）附录Ⅱ中。

领鸺鹠种群数量较为稳定，目前处于无危状态。

斑头鸺鹠

拉丁文名称，种属名

斑头鸺鹠，俗称"横纹小鸺""猫王鸟"等，拉丁文名称为 *Glaucidium cuculoides*，属鸮形目（Strigiformes）鸱鸮科（Strigidae）鸺鹠属 （*Glaucidium*）。

形态特征

斑头鸺鹠无耳羽簇，体色为棕褐色并具浅色横纹；颏纹白色，肩部具1道白色斜纹，腹部白色具棕褐色纵纹；虹膜黄褐色；嘴黄绿色，端部黄色；脚黄绿色，跗跖被羽。

生态习性与分布

　　斑头鸺鹠常栖息于从平原、低山丘陵到高海拔山地的阔叶林、混交林、次生林和林缘灌丛，也出现于村寨和农田附近的疏林和树上，大多单独或成对活动。

　　斑头鸺鹠在中国分布广泛，包括甘肃南部、陕西、河南、安徽、四川、贵州、云南、西藏、广西、广东、香港和海南等地。在大别山区，斑头鸺鹠为较常见留鸟，分布较为广泛，常在中海拔的针阔混交林中活动。

保护价值及保护现状

　　在2021年版《国家重点保护野生动物名录》中，斑头鸺鹠被列为国家二级重点保护野生动物；在《中国脊椎动物红色名录》中，斑头鸺鹠被列为无危（LC）等级；在《世界自然保护联盟濒危物种红色名录》中，斑头鸺鹠被列为无危（LC）等级；斑头鸺鹠也被收录于《濒危野生动植物种国际贸易公约》（CITES）附录Ⅱ中。

　　斑头鸺鹠种群数量较为稳定，目前处于无危状态。

红　隼

拉丁文名称，种属名

红隼，俗称"茶隼""红鹰"，拉丁文名称为 *Falco tinnunculus*，属隼形目（Falconiformes）隼科（Falconidae）隼属（*Falco*）。

形态特征

红隼的翅狭长而尖，尾亦较长；雄鸟头蓝灰色，背和翅上覆羽砖红色，具三角形黑斑；腰、尾上覆羽和尾羽蓝灰色；雌鸟上体从头至尾棕红色，具黑褐色纵纹和横斑，下体乳黄色。

生态习性与分布

红隼喜好栖息于山地森林、低山丘陵、草原、旷野、平原、农田和村庄附近等各类生境中，尤以林缘、林间空地、稀疏林地、旷野、河谷和农田地区较为常见。

红隼广泛分布于中国各地。在大别山区，红隼为较常见的冬候鸟，种群数量大，常在低海拔的针阔混交林中活动。

保护价值及保护现状

在2021年版《国家重点保护野生动物名录》中，红隼被列为国家二级重点保护野生动物；在《中国脊椎动物红色名录》中，红隼被列为为无危（LC）等级；在《世界自然保护联盟濒危物种红色名录》中，红隼被列为无危（LC）等级；红隼也被收录于《濒危野生动植物种国际贸易公约》（CITES）附录Ⅱ中。

森林的砍伐与过度开发、杀虫剂滥用等导致栖息地退化，使得红隼种群数量逐渐减少。

红脚隼

拉丁文名称，种属名

红脚隼，俗称"青鹰""青燕子""黑花鹞"等，拉丁文名称为*Falco amurensis*，属隼形目（Falconiformes）隼科（Falconidae）隼属（*Falco*）。

形态特征

红脚隼的额、眼纹、两翼及尾黑色，翼有一白色斑；头顶及颈背灰色或灰黑色；背、腰及体侧红褐；颏、喉、胸及腹中心部位白色。

生态习性与分布

红脚隼多栖息于开阔的平原与低山一带，常在田园、果园及树丛间活动。红脚隼性情凶猛，嘴、爪均强健有力，喙的咬合力较大，善于捕

食昆虫、鸟类及其他动物，甚至能击杀比自己体形还大的鸟类，体形较小的鹰也常被其追逐。

红脚隼在中国分布极广，几乎遍及全国各地，如东北、华北，以及安徽、山东等地。在大别山区，红脚隼为旅鸟，分布较少，于高海拔的针阔混交林可见。

保护价值及保护现状

在2021年版《国家重点保护野生动物名录》中，红脚隼被列为国家二级重点保护野生动物；在《中国脊椎动物红色名录》中，红脚隼被列为无危（LC）等级；在《世界自然保护联盟濒危物种红色名录》中，红脚隼被列为无危（LC）等级。

红脚隼目前处于无危状态，种群数量较为稳定。

燕 隼

拉丁文名称，种属名

燕隼，俗称"青条子""土鹘""蚂蚱鹰"，拉丁文名称为 *Falco sub-buteo*，属隼形目（Falconiformes）隼科（Falconidae）隼属（*Falco*）。

形态特征

燕隼为小型猛禽，体长约 30 cm；上体蓝黑色，白色眉纹较细，眼下方具两道泪痕，颈侧、腹白色，胸、腹具黑色纵纹，下腹、尾下覆羽及覆腿羽棕栗色；金色眼圈，虹膜黑色；嘴灰色，蜡膜及脚黄色。

生态习性与分布

燕隼一般单独或成对活动，飞行快速而敏捷，大多在高大的树端或电线杆的顶部停息，主要以雀形目小鸟、昆虫等为食。

燕隼在中国各地均有分布，如上海、江苏、浙江、安徽、福建、江西、河南、湖北等地。在本保护区内，燕隼为留鸟，较少见，偶尔能够在农田上空发现其踪迹。

保护价值及保护现状

在2021年版《国家重点保护野生动物名录》中，燕隼被列为国家二级重点保护野生动物；在《中国脊椎动物红色名录》中，燕隼被列为无危（LC）等级；在《世界自然保护联盟濒危物种红色名录》中，燕隼被列为无危（LC）等级；燕隼也被收录于《濒危野生动植物种国际贸易公约》（CITES）附录Ⅱ中。

目前，燕隼种群数量较为稳定，暂处于无危状态。

仙八色鸫

拉丁文名称，种属名

仙八色鸫，拉丁文名称为 *Pitta nympha*，属雀形目（Passeriformes）八色鸫科（Pittidae）八色鸫属（*Pitta*）。

形态特征

仙八色鸫体长约 20 cm，色彩艳丽，头黑色有褐色眉纹，背部绿色，两翼蓝色而有白斑，喉白，臀部猩红色，尾很短而呈蓝色。

生态习性与分布

仙八色鸫喜在丘陵地区活动，是典型的地栖性鸟类，一般在地面或者树上营巢，繁殖季节会发出"piwi-piwi"的响亮叫声，主要在地面取食蚯蚓或小型节肢动物等。

仙八色鸫在中国各地均有分布，包括河北、辽宁、江苏、安徽、福建等地。在大别山区，仙八色鸫为夏候鸟，在本保护区内较少见。

保护价值及保护现状

在2021年版《国家重点保护野生动物名录》中，仙八色鸫被列为国家二级重点保护野生动物；在《中国脊椎动物红色名录》中，仙八色鸫被列为易危（VU）等级；在《世界自然保护联盟濒危物种红色名录》中，仙八色鸫被列为易危（VU）等级；仙八色鸫也被收录于《濒危野生动植物种国际贸易公约》（CITES）附录Ⅱ中。

栖息地的破坏和丧失、人类活动的干扰、自身繁殖成活率较低等因素，使得仙八色鸫种群数量不断减少。

画　眉

拉丁文名称，种属名

画眉，拉丁文名称为 *Garrulax canorus*，属雀形目（Passeriformes）噪鹛科（Leiothrichidae）噪鹛属（*Garrulax*）。

形态特征

画眉的背部褐色，下体黄褐色，腹部的中央偏灰色，头顶羽色带有暗的轴纹；雌雄同色，从外形上难区分，一般以鸣声鉴别雌雄；雏鸟的羽色较成鸟的要浅，并呈棕色；口腔橘黄色，嘴喙黄色，尾部无任何斑纹。因其眼圈白色，并向后延伸成眉纹，细长如画，故得名画眉。

生态习性与分布

画眉喜欢在灌丛中栖息、穿飞，机敏而胆怯，常在林下的草丛中觅食，全年食物以昆虫为主，一般不善作远距离飞翔。

画眉在中国主要分布于甘肃、陕西、河南、江苏、安徽、浙江、四川、贵州、广东等地。在大别山区，画眉为常见留鸟，分布较为广泛。在本保护区内，画眉的种群数量较大，四季可见，主要在较低海拔的林地、灌丛中活动。

保护价值及保护现状

在2021年版《国家重点保护野生动物名录》中，画眉被列为国家二级重点保护野生动物；在《中国脊椎动物红色名录》中，画眉被列为近危（NT）等级；在《世界自然保护联盟濒危物种红色名录》中，画眉被列为无危（LC）等级；画眉也被收录于《濒危野生动植物种国际贸易公约》（CITES）附录Ⅱ中。

画眉因其叫声悦耳动听，受到许多人的喜爱，成为著名的传统笼养鸟，故而长期遭到人类抓捕，使其种群数量逐渐减少。

橙翅噪鹛

拉丁文名称，种属名

　　橙翅噪鹛，拉丁文名称为 *Trochalopteron elliotii*，属雀形目（Passeri-formes）噪鹛科（Leiothrichidae）彩翼噪鹛属（*Trochalopteron*）。

形态特征

　　橙翅噪鹛体长22~25 cm；头顶深葡萄灰色或沙褐色，上体灰橄榄褐色，外侧飞羽外翈蓝灰色、基部橙黄色，中央尾羽灰褐色，外侧尾羽外翈绿色、边缘橙黄色并具白色端斑；喉、胸棕褐色，下腹和尾下覆羽砖红色。

生态习性与分布

橙翅噪鹛常生活在高海拔的山地、森林与灌丛中，繁殖期间成对活动外，其他季节则集群生活，常常在灌丛下部枝叶间跳跃、穿梭或飞进飞出。橙翅噪鹛食性杂，主要以昆虫和植物果实与种子为食，胆子较大，常在有人的区域活动觅食。

橙翅噪鹛在中国常见于大巴山、秦岭、岷山、西藏东南部及云南西北部等地。在本保护区内，橙翅噪鹛为留鸟，但是极为少见。

保护价值及保护现状

在2021年版《国家重点保护野生动物名录》中，橙翅噪鹛被列为国家二级重点保护野生动物；在《中国脊椎动物红色名录》中，橙翅噪鹛被列为无危（LC）等级；在《世界自然保护联盟濒危物种红色名录》中，橙翅噪鹛被列为无危（LC）等级。

目前，橙翅噪鹛种群数量较为稳定，暂时处于无危状态。

红嘴相思鸟

拉丁文名称，种属名

红嘴相思鸟，俗称"相思鸟""红嘴玉""五彩相思鸟"等，拉丁文名称为 *Leiothrix lutea*，属雀形目（Passeriformes）噪鹛科（Leiothrichidae）相思鸟属（*Leiothrix*）。

形态特征

红嘴相思鸟为色艳可人的小巧鹛类，体长约 15 cm，具显眼的红嘴；上体橄榄绿，眼周有黄色块斑，下体橙黄；尾近黑而略分叉。

生态习性与分布

红嘴相思鸟生活在平原或者高海拔的山地中，常栖息于常绿阔叶林、常绿和落叶混交林的灌丛或竹林中，性格活泼好动，善于鸣唱。红嘴相思鸟食性较杂，主食毛虫、甲虫和蚂蚁等昆虫及幼虫等。

红嘴相思鸟在中国主要分布于甘肃南部、陕西南部、福建、浙江、安徽等地。在大别山区高海拔地带，红嘴相思鸟广泛分布，四季可见，常被发现于高海拔的竹林中。

保护价值及保护现状

在2021年版《国家重点保护野生动物名录》中，红嘴相思鸟被列为国家二级重点保护野生动物；在《中国脊椎动物红色名录》中，红嘴相思鸟被列为无危（LC）等级；在《世界自然保护联盟濒危物种红色名录》中，红嘴相思鸟被列为无危（LC）等级；红嘴相思鸟也被收录于《濒危野生动植物种国际贸易公约》（CITES）附录Ⅱ中。

因色彩艳丽、小巧可爱，红嘴相思鸟常被当作宠物而遭到捕猎，使得其野外种群数量不断减少。

红喉歌鸲

拉丁文名称，种属名

红喉歌鸲，俗称"红点颏"，拉丁文名称为 *Calliope calliope*，属雀形目（Passeriformes）鹟科（Muscicapidae）歌鸲属（*Calliope*）。

形态特征

红喉歌鸲雄鸟头部、上体主要为橄榄褐色，眉纹白色；颊部、喉部红色，周围有黑色狭纹；胸部灰色，腹部白色；雌鸟颊部、喉部不呈红色，而为白色。

生态习性与分布

红喉歌鸲常栖息于平原地带的灌丛、芦苇丛、竹林间、溪流近旁等地区，食性较杂，主要吃昆虫，常在地面或灌丛间觅食，鸣声悦耳动听。

红喉歌鸲在中国主要分布在东北及青海、四川等地，在台湾及海南等地越冬。在大别山区，红喉歌鸲为旅鸟、冬候鸟，较为少见，主要在低海拔的灌丛中活动。

保护价值及保护现状

在 2021 年版《国家重点保护野生动物名录》中，红喉歌鸲被列为国家二级重点保护野生动物；在《中国脊椎动物红色名录》中，红喉歌鸲被列为无危（LC）等级；在《世界自然保护联盟濒危物种红色名录》中，红喉歌鸲被列为无危（LC）等级。

红喉歌鸲目前处于无危状态，种群数量较为稳定。

白喉林鹟

拉丁文名称，种属名

白喉林鹟，拉丁文名称为 *Cyornis brunneatus*，属雀形目（Passeri-formes）鹟科（Muscicapidae）蓝仙鹟属（*Cyornis*）。

形态特征

白喉林鹟的雌雄鸟同色；呈中等体形，体长 150 mm，眼圈皮黄色；翼与背同色，颈近白色而略具深色鳞状斑纹，下颚色浅；胸部淡棕灰色；腹部及尾下覆羽白色；亚成鸟上体皮黄色，具鳞状斑纹，下颚尖端黑色；

看似翼短而嘴长；虹膜褐色；嘴上颚近黑色，下颚基部偏黄色；脚粉红色或黄色。

生态习性与分布

白喉林鹟栖息于中高海拔的林缘下层、茂密竹丛、次生林及人工林等地区，常常在树上或洞穴内以苔藓、树皮、毛、羽等编成碗状巢，一般以昆虫为食。

白喉林鹟在中国主要分布于河南、四川、云南、湖北、湖南、江苏、江西、浙江等地。在大别山区，白喉林鹟属于夏候鸟，较为少见，常被发现于林下灌丛中。

保护价值及保护现状

在2021年版《国家重点保护野生动物名录》中，白喉林鹟被列为国家二级重点保护野生动物；在《中国脊椎动物红色名录》中，白喉林鹟被列为易危（VU）等级；在《世界自然保护联盟濒危物种红色名录》中，白喉林鹟被列为易危（VU）等级。

森林砍伐、栖息地破坏、迁徙时捕鸟网的影响，都是导致白喉林鹟种群数量逐渐减少的因素。

蓝鹀

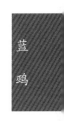

拉丁文名称，种属名

蓝鹀，拉丁文名称为 *Emberiza siemsseni*，属雀形目（Passeriformes）鹀科（Emberizidae）鹀属（*Emberiza*）。

形态特征

蓝鹀体长约 13 cm，喙为圆锥形，上下喙边缘不紧密切合而微向内弯，切合线中略有缝隙；雄鸟体羽大致呈石蓝灰色，仅腹部、臀及尾外缘色白；雌鸟深棕以至橄榄褐色；雌雄鸟的尾羽仅最外侧一对具白斑，与其他鹀类不同。

生态习性与分布

蓝鹀常栖息在次生林及灌丛等地区，一般取食植物种子，非繁殖期常集群活动，繁殖期在地面或灌丛中筑碗状巢穴。

蓝鹀是中国特有鸟类，主要分布在中国中部及东南部，自甘肃向南到陕西南部、四川西部，直至安徽黄山等地均有分布。在本保护区内，蓝鹀的种群数量较低，主要出现于高海拔的针阔混交林中。

保护价值及保护现状

在2021年版《国家重点保护野生动物名录》中，蓝鹀被列为国家二级重点保护野生动物；在《中国脊椎动物红色名录》中，蓝鹀被列为无危（LC）等级；在《世界自然保护联盟濒危物种红色名录》中，蓝鹀被列为无危（LC）等级。

近年来，杀虫剂滥用、捕鸟网的捕捉等被认为是导致蓝鹀种群数量逐渐减少的主要原因。

拉步甲

拉丁文名称，种属名

拉步甲，俗称"艳步甲"，拉丁文名称为 *Carabus lafossei*，属鞘翅目（Coleoptera）步甲科（Carabidae）大步甲属（*Carabus*）。

形态特征

拉步甲体长34～39 mm，体色变异较大，一般头部、前胸背板绿色带金黄或金红光泽，鞘翅绿色，侧缘及缘折金绿色，鞘翅有时蓝绿色或蓝紫色；头部在眼后延伸，眼小突出，额凹较深；上颚细长，端部向里弯曲，较锐，外沟光洁；口须端部膨大，雄虫尤甚，呈斧形；触角细长，超过翅基，第一至四节光洁。

生态习性与分布

拉步甲为完全变态类昆虫，生活史比较长，在中国北方一般一年一代或二代。成年个体一般夜晚捕食，多捕食鳞翅目、双翅目昆虫及蜗牛、蛞蝓等小型软体动物，也食植物性食物。拉步甲白天潜藏于枯枝落叶、松土或杂草丛中，臀腺能释放蚁酸或苯醌等防御物质。

拉步甲在中国主要分布在辽宁、河南、江苏、湖北、云南、四川、浙江、福建、江西、安徽等地。拉步甲在本保护区内分布较广，在马宗岭管理站、天堂寨管理站等地均有分布。

保护价值及保护现状

在2021年版《国家重点保护野生动物名录》中，拉步甲被列为国家二级重点保护野生动物。

近年来，栖息地破坏和杀虫剂的使用是造成拉步甲种群数量下降的主要原因。

金裳凤蝶

金裳凤蝶，俗称"金翼凤蝶""金乌蝶""翼凤蝶"等，拉丁文名称为 *Troides aeacus*，属鳞翅目（Lepidoptera）凤蝶科（Papilionidae）裳凤蝶属（*Troides*）。

形态特征

金裳凤蝶身体呈黑色，头、颈、胸侧有红毛，腹部有黑黄两色相间条纹，雄蝶前翅黑色，具黑天鹅绒光泽，后翅金黄色，各室外缘有等腰

三角形黑斑1枚，斑内侧有晕，内缘有很宽的褶和灰白色的长毛；雌体稍大，前翅中室内4条纵纹明显，后翅金黄色，脉纹黑色。

生态习性与分布

金裳凤蝶成虫常见于低海拔平地及丘陵等地，飞行缓慢，飞行力强，有时会主动攻击其他蝴蝶，卵产在寄主植物新芽、嫩叶的背腹两面或叶柄与嫩枝上。金裳凤蝶的食物包括花粉、花蜜、植物汁液等，幼虫会摄食马兜铃科植物的叶。

金裳凤蝶在中国主要分布在浙江、福建、安徽、广东、广西、海南、四川、云南、西藏、陕西等地。在本保护区内，金裳凤蝶被发现于马宗岭管理站一带。

保护价值及保护现状

在2021年版《国家重点保护野生动物名录》中，金裳凤蝶被列为国家二级重点保护野生动物；金裳凤蝶也被收录于《濒危野生动植物种国际贸易公约》（CITES）附录Ⅱ中。

金裳凤蝶色彩艳丽，长期遭受人类捕捉，使得其种群数量不断减少。

阳彩臂金龟

阳彩臂金龟，拉丁文名称为 *Cheirotonus jansoni*，属鞘翅目（Coleoptera）臂金龟科（Euchiridae）彩臂金龟属（*Cheirotonus*）。

形态特征

阳彩臂金龟为长椭圆形甲虫，背面强度弧拱；体呈光亮的金绿色，前足、鞘翅大部为暗铜绿色，鞘翅肩部与缘折内侧有栗色斑点；体腹面密被绒毛；前胸背板有明显中纵沟，密布刻点，侧缘锯齿形；前足特别长大，超过体躯长度。

177

生态习性与分布

阳彩臂金龟的成虫主要生活于常绿阔叶林中，需要开阔的空间林地活动，产卵于腐朽木屑土中，幼虫则须生活在大型朽木中，要2~3年甚至更长的生长发育期。

阳彩臂金龟在中国主要分布于广东、广西、海南、安徽等地。在本保护区内，阳彩臂金龟种群数量较低，分布点较少，仅在天堂寨管理站发现有分布。

保护价值及保护现状

在2021年版《国家重点保护野生动物名录》中，阳彩臂金龟被列为国家二级重点保护野生动物；在《中国物种红色名录》中，阳彩臂金龟被列为易危（VU）等级；在《世界自然保护联盟濒危物种红色名录》中，阳彩臂金龟被列为濒危（EN）等级。

森林破坏、生境破碎化、灯光污染等导致阳彩臂金龟种群数量不断降低，加之其生殖能力低、幼虫期长、对环境要求苛刻等，加剧了其种群的衰退。

参考文献

［1］ 中国科学院中国植物志编辑委员会. 中国植物志［M］. 北京：科学出版社，2004.

［2］ 訾兴中，张定成. 大别山植物志［M］. 北京：中国林业出版社，2004.

［3］ 吴甘霖，项小燕，段仁燕，等. 大别山五针松的研究进展及保护对策［J］. 安庆师范学院学报（自然科学版），2016，22（4）：97-99.

［4］ 王林，赵凯，阮向东，等. 珍稀濒危物种银缕梅种群结构特征研究——以安徽省金寨县为例［J］. 林业资源管理，2018（3）：81-87.

［5］ 王蓬. 安徽天马国家级自然保护区野生兰科植物分布状况调查［J］. 农业灾害研究，2020，10（5）：25-26.

［6］ 中国树木志编辑委员会. 中国树木志［M］. 北京：中国林业出版社，2004.

［7］ 邓勇，浦发光. 安徽天马国家级自然保护区珍稀濒危植物保护现状及对策［J］. 安徽林业科技，2015，41（3）：35-38.

［8］ 段文科，张正旺. 中国鸟类图志［M］. 北京：中国林业出版社，2017.

［9］ 中国科学院中国动物志编辑委员会. 中国动物志［M］. 北京：科学出版社，2006.

［10］ 费梁，叶昌媛，江建平. 中国两栖动物彩色图鉴［M］. 成都：四川科学技术出版社，2010.

［11］ 刘少英，吴毅，李晟. 中国兽类图鉴（第3版）［M］. 福州：海峡书局，2022.

［12］潘涛，周文良，史文博，等. 大别山地区两栖爬行动物区系调查［J］. 动物学杂志，2014，49（2）：195-206.

［13］蒲发光. 金寨天马国家级自然保护区鸟类多样性监测［J］. 农技服务，2013，30（7）：761-762+765.

［14］孙若磊，马号号，虞磊，等. 大别山区鸟类多样性与分布初报［J］. 安徽大学学报（自然科学版），2021，45（3）：85-102.

［15］汪成海. 安徽麝的种群分布及保护措施［J］. 安徽林业，2010（3）：65-66.

［16］魏辅文，杨奇森，吴毅，等. 中国兽类名录（2021年版）［J］. 兽类学报，2021，41（5）：487-501.

［17］吴海龙，顾长明. 安徽鸟类图志［M］. 芜湖：安徽师范大学出版社，2017.

［18］谢勇，汪成海，张保卫，等. 安徽麝（*Moschus anhuiensis*）的种群演变兼记天马国家级自然保护区［J］. 江苏教育学院学报（自然科学版），2009，26（4）：10-12.

［19］约翰·马敬能，卡伦·菲利普斯，何芬奇. 中国鸟类野外手册［M］. 长沙：湖南教育出版社，2000.

［20］张盛周，陈璧辉. 安徽省爬行动物区系及地理区划［J］. 四川动物，2002（3）：136-141.

［21］郑光美. 中国鸟类分类与分布名录（第四版）［M］. 北京：科学出版社，2023.

［22］周文良，潘涛，李斌，等. 利用红外相机对安徽天马国家级自然保护区鸟兽的初步调查［J］. 生物多样性，2014，22（6）：776-778.

［23］诸立新，刘子豪，虞磊，等. 安徽蝴蝶志［M］. 合肥：中国科学技术大学出版社，2017.